# 世界第一簡單
# 線性代數

漫畫 → 圖解 → 解說

高橋信◎著　　洪萬生◎審訂　　謝仲其◎譯

井上いろは◎作畫

株式會社 TREND・PRO◎製作

　　這本書籍的意圖，是讓讀者在短時間內對線性代數有一個整體的鳥瞰圖像。

　　本書預設的讀者為以下幾類：

- 準備開始學習線性代數的大學生
- 正在學習線性代數，對於講解內容完全無法理解，但若無法取得學分便無法升級的大學生
- 讀既有的線性代數書籍感到十分吃力的大學生
- 大學一、二年級時只是一知半解苦撐過去，但還是對「線性代數到底是什麼」感到好奇的社會人士
- 考慮就讀大學理科學系的高中生

　　本書的結構如下：

- 第 1 章　什麼是線性代數
- 第 2 章　基礎知識
- 第 3 章　矩陣
- 第 4 章　矩陣（續）
- 第 5 章　向量
- 第 6 章　向量（續）
- 第 7 章　線性映射
- 第 8 章　固有值與固有向量

　　　原則上各章都由

- 漫畫部分
- 補充漫畫部分的文字說明部分

所構成。其中也有幾章是沒有文字說明部分的。

　　讀者們就算只讀過漫畫的部分，看之後的章節應該也不會覺得吃力，對本書的意圖也能有個大致的了解。當然筆者並不鼓勵這樣的讀書方式，但畢竟對於「有理解線性代數的急迫需要」、「對細節的瑣事沒有興趣」、「只想知道個大概就好」的讀者來說，「無論如何要將本書全文看完」並不是他們的目標吧。

　　感謝給予我執筆機會的 OHM 社開發局的各位。感謝負責作畫的井上いろは老師。感謝撰寫腳本的 re_akino 老師，還有竭力將我的原稿漫畫化的 TREND-PRO 株式會社。還有平岡和幸先生與堀玄先生給我各式各樣的建議，深深感謝各位。

高橋信

# 目　錄

# 序章

## 學長好！線性代數

你不就是我妹在唸的數學參考書的……！

現任大學生教你
數學徹底入門
百合野玲治／著

咚

啊，您知道那本書嗎？

那本書真的是你寫的嗎!?

我進大學前只會拚命唸書……

數學是我唯一有點自信的專長。

這樣啊…

嗯

我想你要入社可以。

是、是的！

咦？

真的嗎？

但是——！！

條件是
你要教我妹
數學！

咦？

我妹的數學一直唸不好，

昨天還在煩惱完全聽不懂線性代數的講課。

我知道了！
只要我當家教就可以是吧！

這條件你能接受嗎？

絕對沒問題！

我可要先告訴你……

可別想對她毛手毛腳的！

請、請您放心！

喀啦

喀啦

好！那就跟我來吧！

我練習可不會放水喔。

有請學長指教！

真派花道空手道社

我……就要改變了!!

# 第 **1** 章
## 什麼是線性代數

真是抱歉，大哥突然對你提出這麼奇怪的要求……

不、沒關係，請不要在意。

隊長跟這女孩竟然是兄妹！

但是…

現任大學生教你數學徹底入門

百合野

沒想到百合野同學原來就在我身邊呢！

這實在太難為情了。

能得到您的親自指導實在太令我感激了！

這個……能否幫我簽名呢？

簽、簽名這就不用了吧！

至少寫一下名字……

既、既然妳這麼說……

摸

啊！

# 1. 線性代數

那麼我們就開始上線性代數吧。

麻煩你了。

是的。

首先——

聽一之瀨隊長說，美紗妳對學習線性代數很苦惱……

這些抽象的意義我都聽不懂，

計算也好像很困難……

確實，線性代數是種抽象性的學問，

充斥著各種謎一般的概念。

線性獨立

子空間

基底

但是！

計算很困難
這點可是
誤解唷！

雖然有些情況
需要花些工夫
，但基本上並
不難。

喔？

說它只有國中的程度可能
有點太過了，
但也大概在這樣的水準。

真的嗎？
那我有點
放心了。

太好了！

那，線性代數
到底是個什麼樣
的學問呢？

嗯？

嗯～

這個問題很難
回答呢……

這樣啊？

但不回答很難
繼續講下去，
我就試著說說看吧。

將三維世界轉為二維世界！

將二維世界轉為三維世界！

將三維世界轉為二維世界！

線性代數，大致上來說就是將 $n$ 維世界轉移到 $m$ 維世界的學問！

哦～！

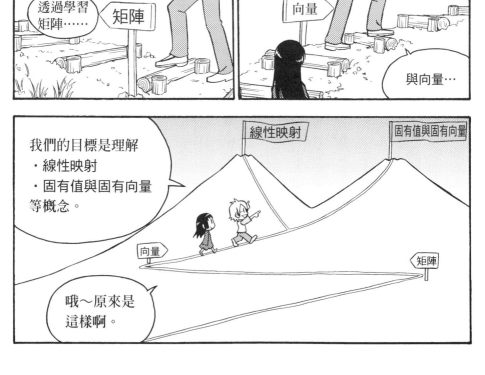

透過學習矩陣……

矩陣

向量

與向量…

我們的目標是理解
・線性映射
・固有值與固有向量
等概念。

線性映射

固有值與固有向量

向量

矩陣

哦～原來是這樣啊。

那…

？

線性代數的知識
究竟都用在哪些領域呢？

妳問了
我最怕回答的
問題……

咦？

線性代數的知識，在
・設計高防震度的大廈
・消滅絕症
・防止水產資源枯竭
等等現實生活的狀況中，

幾乎沒有任何
直接的用途。

咦？

而且除了數學系和
物理系的人之外，
不會用到這麼多
線性代數的知識。

怎麼會
這樣！

那學習線性代數不就沒有意義了嗎？

並非如此。

就好比當廚師就要先修練好切菜刀法，作為將來的基礎，

學習線性代數對「理科人士」來說也是將來競爭的基礎。

這樣啊。

理科科系要唸線性代數是很久以前決定的，

有些書缺乏線性代數的知識會看不懂

美紗妳就接受這個現實努力學習吧。

是。

我的教學方針是，

以建立線性代數的整體概念為目標唷！

線性映射

固有值與固有向量

哇～～

一般線性代數的課程與教科書往往會出現仔細得不得了的計算與證明，

從這樣可以推導出…

但我講課會盡量避掉這些。

那真是太好了。

我會盡可能講得淺白一點，所以請好好加油吧。

謝謝你！

第 1 章◆什麼是線性代數　19

# 2. 學術上重要的單元與考試會考的單元

下表是筆者自己認爲線性代數考試常常會出題的單元：

| | 本書解說的所在 |
|---|---|
| 用掃除法求反矩陣 | 第 4 章 |
| 求行列式的值 | 第 4 章 |
| 用克拉瑪公式解聯立一次方程式 | 第 4 章 |
| 如何求固有值與固有向量 | 第 8 章 |
| 內積 | 附錄 2 |
| 外積 | 附錄 3 |

如果能將數學題庫中這些單元的範圍確實掌握的話，我想考試應該能取得不錯的分數。但是即使對這些單元再熟練，也沒辦法理解線性代數的母題：線性映射（※在第 7 章會解說）。線性代數中對學問研究很重要的單元，與考試常出題的單元竟然不一樣，這是很傷腦筋的問題。

人生有四條道路：

①線性代數考試考很高，也懂得線性映射。
②線性代數考試考很高，但不懂線性映射。
③線性代數考試考不好，但懂得線性映射。
④線性代數考試考不好，也不懂線性映射。

用常識來想，大學生們無論考慮就業或繼續唸書，①和②都是有成就的出路。筆者也贊同，①是最好的結果。但是對②我就無法予以肯定了，因爲②是「見樹不見林」，無論畢業與否，都只會留下「線性代數，眞是個莫名其妙的學問，我完全想不起來我學了啥」這樣的想法而已。人生還很長，比起②的類型，筆者認爲③的人更能夠獲得幸福的人生。

# 3. 數學家眼中所見的線性代數

　　本節請務必讀過，而讀過之後也請務必忘記，若是忘不了的話對於後面章節的理解會造成障礙。這樣一講很多讀者可能會想乾脆跳過本節。但是對筆者而言，還是很希望各位能閱讀一下關於這個數學的專業概況。

## 3.1 數學家眼中所見的線性代數

　　在第 16 頁中有提到，線性代數是將 $n$ 維世界轉移到 $m$ 維世界的學問。以這個概念作為認識的基礎來閱讀本書後面的內容，不會有任何問題。但是數學家的概念其實並非如此。對他們來說，**線性代數**是以下一頁方框中所說明的**線性空間**作為背景的學問。另外，在下一頁方框中提到的向量，與——

- 日本高中的「數學B」科目[1]
- 本書中「第 4 章　向量」以及之後的章節

中出現的向量意義有很大的不同，是屬於更高層次的抽象概念。

　　能夠看懂下一頁方框中的概念的讀者可能幾乎是沒有吧！沒有關係，看不懂是正常的，你也不是要成為數學家，沒有必要看懂。但是，打棒球要在棒球場、打高爾夫球要在高爾夫球場、作線性代數要在線性空間，只要能大概知道這樣也沒有壞處。

　　講到這裡，讓我舉一個實數線性空間的例子。我們說像 $7t^4 - 3t - 4$ 與 $2t - 1$ 這種「由係數為實數的 $n$ 次多項式所構成的集合」，會滿足實數線性空間的公理。這句話的意思就是說：

- 「由係數為實數的 $n$ 次多項式所構成的集合」是實數線性空間
- $7t^4 - 3t - 4$ 與 $2t - 1$ 這種 $n$ 次多項式是向量。

---

1　與筆者同世代的讀者則是稱作「代數‧幾何」。

## ■ 線性空間

設 $x_i$、$x_j$ 與 $x_k$ 為一集合 $X$ 的任意元素，$c$ 與 $d$ 為任意數。

當集合 $X$ 滿足以下二個條件時，就可斷定「集合 $X$ 為線性空間」或「集合 $X$ 為向量空間」。

### 條件 1

對 $x_i$ 與 $x_j$，定義 $x_i + x_j$ 是稱為**和**的元素，則和滿足下列條件：

① $(x_i + x_j) + x_k = x_i + (x_j + x_k)$

② $x_i + x_j = x_j + x_i$

③ 稱為**零向量**，「$x_i + 0 = 0 + x_i = x_i$」的 $0$ 是存在的。

④ 對於 $x_i$ 來說，稱為**反向量**，「$x_i + (-x_i) = (-x_i) + x_i = 0$」的 $(-x_i)$ 是存在的。

### 條件 2

對 $x_i$ 與 $c$，定義 $cx_i$ 是稱為**純量倍數**的元素，則純量倍數滿足下列條件：

⑤ $c(x_i + x_j) = cx_i + cx_j$

⑥ $(cd)x_i = c(dx_i)$

⑦ $(c + d)x_i = cx_i + dx_i$

⑧ $1x_i = x_i$

$c$ 與 $d$ 為實數的線性空間，我們稱為**實數線性空間**或**實數向量空間**。$c$ 與 $d$ 為複數的線性空間，我們稱為**複數線性空間**或**複數向量空間**。

①到⑧等八個條件總稱為**線性空間公理**或**向量空間公理**。線性空間的元素為向量，而 $c$ 稱為**純量**。

## 3.2 線性代數與公理

數學家眼中所見的線性代數之所以看起來會這麼莫名其妙而抽象，是有理由的。

以前[2]的數學，有一種叫做公理的，如：

- 整體必定比部分大。
- 通過一直線外一點而與這條直線平行的直線，必定只有一條[3]。

這種「對大家來說都是理所當然的命題[4]」，數學就是奠基在這些公理上來研究事物的學問。但是隨著時代演進，就有數學家對公理提出了疑問，比如說像這樣：

- 仔細想想，「整體必定比部分還大」究竟含有什麼意義？
- 我們真的能夠斷定「通過一直線外一點而與這條直線平行的直線，必定只有一條」嗎？

做為基礎的公理都會被質疑，那對事物的研究就無法繼續下去了，這等於將以往數學家自己與前人根據公理所做的研究成果都否定掉。那麼數學家要怎麼辦？他們只好將公理的定義由「對大家來說都是理所當然的命題」改為「為了後面研究方便所設的一種『假設』」，並且決定只要後面的研究推論沒有矛盾，其他東西怎麼樣都沒有關係[5]。

公理意義的改變，使得數學的世界更加廣闊了。但是在此同時，數學也變得越來越抽象，與一般人漸行漸遠。請看看上一頁，是不是有公理這個詞出現？是的，線性代數就是公理意義轉變後成為潮流的一門學問。

---

2 這個「以前」是指具體的多久以前，筆者並非專攻數學史不敢斷言。有興趣的讀者可以仔細看看本書卷末「參考文獻」欄裡的文獻。

3 嚴格來說，這一項不是叫公理，而是叫**設準**。由於這個由來十分複雜，又與本節的本質沒什麼關係，因此本書就不特別說明公理與設準的分別。

4 **命題**指的是能夠判斷正確與否的主張。詳細會在 31 頁說明。

5 可能有讀者會覺得這個段落太過抽象，完全無法了解。這沒有關係，只要大概有「這時代的數學因為一些因素越來越往抽象的方向走」這樣程度的認識就夠了。

第 **2** 章
# 基礎知識

79

80

81

基礎練習比什麼都重要！

嗚……

啪

噠

終、終於做完了……

100…

還沒還沒！伏地挺身做完還有仰臥起坐、拉背肌，還有舉重！

早安，今天也好好唸書吧……

百合野同學好像沒什麼精神耶！

沒事吧？

呃，沒事沒事，我們開始講課吧！

咕嚕～

啊……

真是抱歉，
其實
我還沒吃飯……

沒關係，
空手道練習
很花體力吧！

我馬上
把飯吃一吃！

請慢慢來。

讓妳久等了，
這次我們真的要
開始講課了。

首先我們
來看看這個。

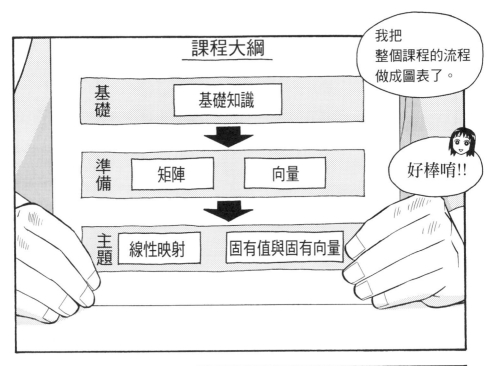

### 複數

- $a + b_i$ 這種型態的數

  ※ $a$ 與 $b$ 是實數

  ※ $i$ 這個數稱為虛數單位，定義為「$i^2 = -1$」

### 實數

| 整數 | 非整數的有理數 | 無理數 |
|---|---|---|
| ·正整數<br>· 0<br>·負整數 | ·像 0.3 這種<br>有限小數<br>·像 0.333......<br>這種循環小數 | ·像 π 或 $\sqrt{2}$ 這<br>種不循環無限<br>小數 |

### 純虛數

- 像 $b_i$ 這種形式
  的數字

  ※ $b$ 為非 0 的
  實數

$\dfrac{q}{p}$ 凡是能夠寫成像這樣的形式（※ $p$ 為非 0 的整數而 $q$ 為整數）的數字，就是有理數。整數是有理數的一種。

首先來談談數。

數分為
這些種類。

……

講到複數……
我實在不明白
$i$ 的意思。

啊，
妳是說
這個吧？

「要是像 $x^2 + 5 = 0$ 這
樣的二次方程式有解就
好了」

它是在這樣的想法下
被發明出來的數。

?

也就是說……

$$\chi^2 + 5 = \chi^2 - (-5) = (\chi + \sqrt{5}i)(\chi - \sqrt{5}i) = 0$$

透過像這樣的變形而被迫地做出「$x^2 + 5 = 0$ 有解！」的解釋，而構思出的數字。

能這樣解出來到底哪裡有趣呢？

我知道妳很難體會，但是線性代數中有很多討論都會包含到複數喔！

這樣啊……

喚

好像不適應它不行呢。

不會啦，之後的課程中不會再碰到複數了。

怕妳會抓不住線性代數的全貌

那我就放心了。

# 2. 充分必要條件

## 2.1 命題

接下來我要談談**充分必要條件**。

在這之前先解說一下**命題**。

「一加一等於二」、
「日本人口比一百人多」，
像這種可以判定真假的主張，
我們稱為**命題**。

$1 + 1 = 2$

比100人多

「可以判定
真假的主張」
是……

嗯
……

我舉個比較好懂
的例子好了。

「百合野玲治是男生」
這個主張是命題。

其實
「百合野
玲治是女
生」也算
命題。

「百合野玲治很會交
朋友」這種主張
就不是命題。

判定結果
會因人而異的主張，
我們就不稱為命題。

原來如此！

比如說
「如果這道菜是炸豬排，
則這道菜有用到豬肉」
這個命題一定是正確的。

是的。

但是反過來說，
「如果這道菜有用到豬肉，
則這道菜是炸豬排」
這個命題就不一定是正確的。

的確。

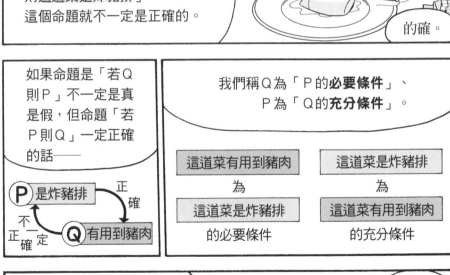

如果命題是「若Q則P」不一定是真是假，但命題「若P則Q」一定正確的話——

P 是炸豬排
正確
不一定
正確
Q 有用到豬肉

我們稱Q為「P的**必要條件**」、
P為「Q的**充分條件**」。

| 這道菜有用到豬肉 | 這道菜是炸豬排 |
| --- | --- |
| 為 | 為 |
| 這道菜是炸豬排 | 這道菜有用到豬肉 |
| 的必要條件 | 的充分條件 |

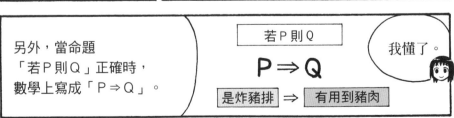

另外，當命題
「若P則Q」正確時，
數學上寫成「P⇒Q」。

若P則Q

$$P \Rightarrow Q$$

是炸豬排 ⇒ 有用到豬肉

我懂了。

## 2.3 充分必要條件

也就是「P⇒Q」而又「Q⇒P」時，

· 若P則Q
· 若Q則P

當命題雙方都正確，

我們稱
Q為「P的**充分必要條件**」，
而P為「Q的**充分必要條件**」。

這也就是將充分條件與必要條件合體起來嗎？

正是如此。
比如說就像這樣——

原來如此。

P
百合野比一之瀨隊長矮

Q
一之瀨隊長比百合野高

符號記法則是這樣。

嗯。

$$P \Longleftrightarrow Q$$

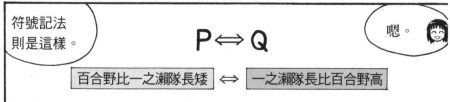

百合野比一之瀨隊長矮 ⟺ 一之瀨隊長比百合野高

# 3. 集合

## 3.1 集合

數學中常常會出現**集合**這個概念。

啊……高中的時候有學過呢！

嗯，我們簡單地複習一下吧！

喀

集合，顧名思義，就是許多東西集合在一起的意思。

構成集合的各個東西，我們稱為**元素或要素**。

呵呵呵，原來如此。

舉例來說就像這樣。

例 1

在「四國」這個集合中，由

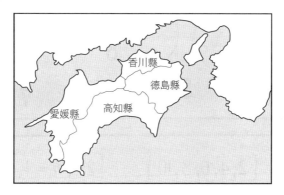

- 香川縣
- 愛媛縣
- 高知縣
- 德島縣

這四個元素所構成。

例 2

在「1 以上 10 以下的偶數」這個集合中，由

- 2
- 4
- 6
- 8
- 10

這五個元素所構成。

## 3.2 集合的表示法

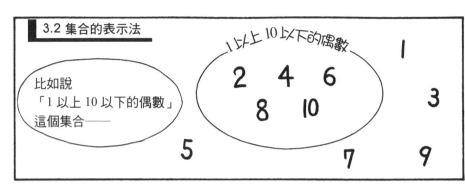

比如說「1 以上 10 以下的偶數」這個集合——

一般可用這兩種方式來表示。

$$\{2, 4, 6, 8, 10\} \qquad \{2n \mid n = 1, 2, 3, 4, 5\}$$

嗯嗯。

為了方便，我們把這個集合命名為「$X$」……

在很多情況下也會寫成這樣。

$$X = \{2, 4, 6, 8, 10\}$$

$$X = \{2n \mid n = 1, 2, 3, 4, 5\}$$

耶～

另外，「$x$ 為集合 $X$ 的元素」的狀態可表示成這樣。

是。

$$x \in X$$

比如說
愛媛縣 $\in$ 四國

## 3.3 子集合

我們來談談**子集合**。

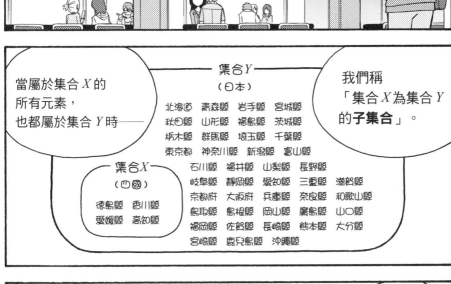

當屬於集合 $X$ 的所有元素，也都屬於集合 $Y$ 時──

集合 $Y$
（日本）

北海道　青森縣　岩手縣　宮城縣
秋田縣　山形縣　福島縣　茨城縣
栃木縣　群馬縣　埼玉縣　千葉縣
東京都　神奈川縣　新潟縣　富山縣
石川縣　福井縣　山梨縣　長野縣
岐阜縣　靜岡縣　愛知縣　三重縣　滋賀縣
京都府　大阪府　兵庫縣　奈良縣　和歌山縣
鳥取縣　島根縣　岡山縣　廣島縣　山口縣
福岡縣　佐賀縣　長崎縣　熊本縣　大分縣
宮崎縣　鹿兒島縣　沖繩縣

集合 $X$
（四國）

德島縣　香川縣
愛媛縣　高知縣

我們稱「集合 $X$ 為集合 $Y$ 的**子集合**」。

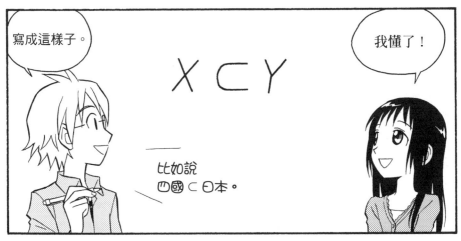

寫成這樣子。

我懂了！

$$X \subset Y$$

比如說
四國 $\subset$ 日本。

**例 1**

$X = \{4, 10\}$

$Y = \{2, 4, 6, 8, 10\}$

有二集合。

集合 $X$ 為集合 $Y$ 的子集合。

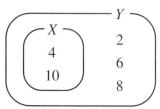

**例 2**

$X = \{2, 4, 6, 8, 10\}$

$Y = \{4, 10\}$

有二集合。

集合 $X$ 並非集合 $Y$ 的子集合。

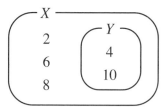

**例 3**

$X = \{2, 4, 6, 8, 10\}$

$Y = \{2, 4, 6, 8, 10\}$

有二集合。

集合 $X$ 為集合 $Y$ 的子集合，

且集合 $Y$ 也為集合 $X$ 的子集合。

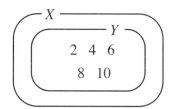

以上就是今天的前半段課課程。

應該不會很難吧？

嗯，沒問題！

## 4. 映射

後半段
我們要解說
**映射**以及與映射
相關的概念。

映射

這些概念
雖然都很抽象，

但只要靜下心來好好
想想其實也不難，
所以請放輕鬆吧！

嗯。

4.1 映射

首先我要說明
映射這個詞本身。

老師請講。

我們用這樣子來比喻。

一之瀨隊長今天心情不錯，請我們吃午餐。

於是我們這些新社員就跟著他來到某家餐館。

菜單是這個樣子。

烏龍麵 500 日圓

咖哩飯 700 日圓

豬排蓋飯 1000 日圓

鰻魚飯 1500 日圓

雖然說是請客，但我們也不能高興過頭。

為什麼？

因為我們不能無視一之瀨隊長的意思自己亂點呀！

菜單

換句話說是這個樣子。

如果說隊長命令「大家點最便宜的東西」的話，我們就不得不遵命嘍。

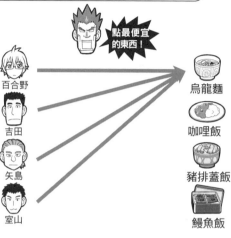

或者如果說隊長命令「大家都點不同的東西」的話，我們也不得不遵命嘍。

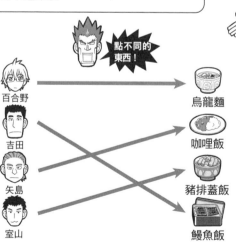

又或者隊長命令「大家點自己最喜歡吃的東西」的話，我們當然是再高興不過，不可能不聽從嘍。

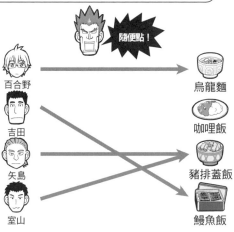

隨便點！

烏龍麵

咖哩飯

豬排蓋飯

鰻魚飯

也就是說，隊長的命令就是讓集合 $X$ 的元素與集合 $Y$ 的元素對應起來的「規則」。

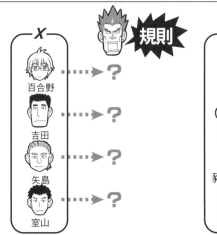

$X$

百合野

吉田

矢島

室山

規則

$Y$

烏龍麵

咖哩飯

豬排蓋飯

鰻魚飯

像隊長的命令這樣，

讓集合 $X$ 的元素對應到集合 $Y$ 的元素的「規則」，我們就稱為「從集合 $X$ 到集合 $Y$ 的**映射**」。

映射

映射的表示法一般是這樣。

$$X \xrightarrow{f} Y \qquad f : X \longrightarrow Y$$

$$社員 \xrightarrow{規則} 菜單 \qquad 規則 : 社員 \longrightarrow 菜單$$

「$f$」是為方便所訂的名字，要改成「$g$」或「$h$」其實也可以。

哦～。

**映射**

讓集合 $X$ 的元素對應到集合 $Y$ 的元素的「規則」就稱為「由集合 $X$ 到集合 $Y$ 的**映射**」。

**4.2 像**

接下來我要談談「**像**」。

像？

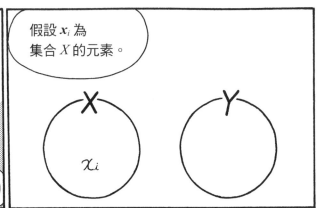

假設 $x_i$ 為集合 $X$ 的元素。

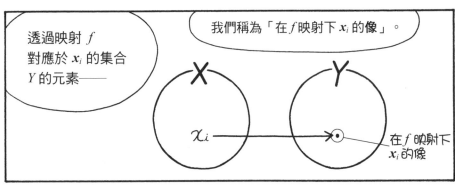

透過映射 $f$ 對應於 $x_i$ 的集合 $Y$ 的元素——

我們稱為「在 $f$ 映射下 $x_i$ 的像」。

在 $f$ 映射下 $x_i$ 的像

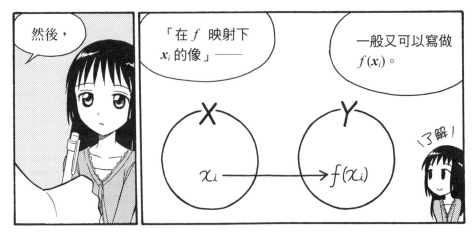

然後，

「在 $f$ 映射下 $x_i$ 的像」——

一般又可以寫做 $f(x_i)$。

了解！

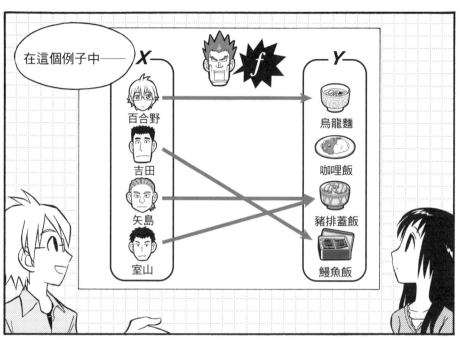

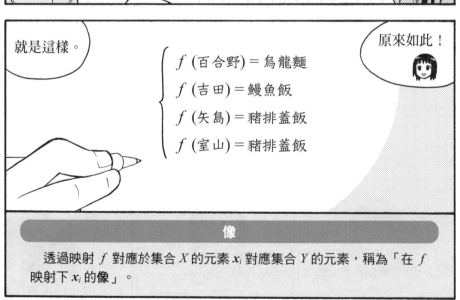

$$\begin{cases} f\,(百合野) = 烏龍麵 \\ f\,(吉田) = 鰻魚飯 \\ f\,(矢島) = 豬排蓋飯 \\ f\,(室山) = 豬排蓋飯 \end{cases}$$

### 像

透過映射 $f$ 對應於集合 $X$ 的元素 $x_i$ 對應集合 $Y$ 的元素，稱為「在 $f$ 映射下 $x_i$ 的像」。

對了，妳在高中時期應該有學過像這樣形式的式子吧？

？

嗯，有學過！

$f(x) = 2x - 1$

沙沙

妳那時候會不會這樣想呢？

就寫成普通的 $y = 2x - 1$ 就好了，為什麼要去用 $f(x)$ 這些符號呢？

雖然搞不太懂，但反正這個式子要代入 2 的話寫成 $f(2)$ 就對了⋯⋯之類的。

對對對！我的確會這樣想！

這樣理解是錯的。

$f(x) = 2x - 1$ 這式子是這樣的意思。

這裡的映射 $f$，表示的是「集合 $X$ 的元素 $x$，都會對應到集合 $Y$ 的元素 $2x - 1$」這種規則。

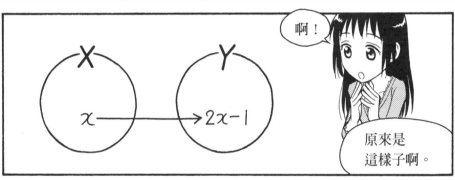

啊！

原來是這樣子啊。

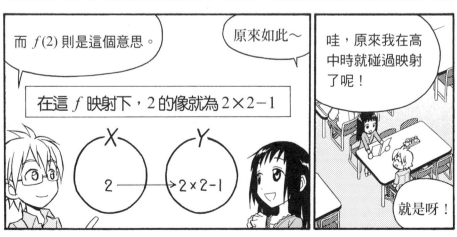

而 $f(2)$ 則是這個意思。

原來如此～

哇，原來我在高中時就碰過映射了呢！

在這 $f$ 映射下，2 的像就為 $2 \times 2 - 1$

就是呀！

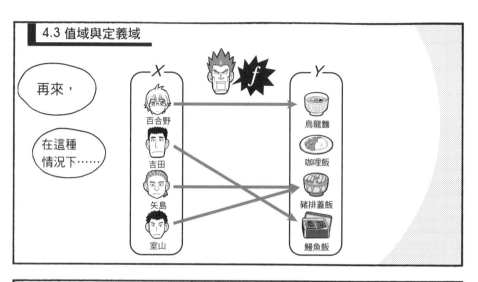

### 4.3 值域與定義域

再來，

在這種
情況下……

X    f    Y

百合野
吉田
矢島
室山

烏龍麵
咖哩飯
豬排蓋飯
鰻魚飯

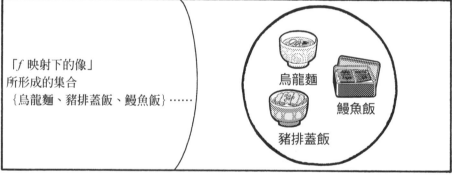

「f 映射下的像」
所形成的集合
{烏龍麵、豬排蓋飯、鰻魚飯}……

烏龍麵
鰻魚飯
豬排蓋飯

我們稱為
「映射 f 的**值域**」。

喔～

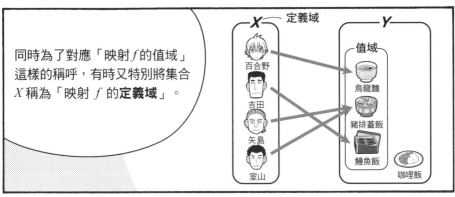

同時為了對應「映射$f$的值域」這樣的稱呼，有時又特別將集合$X$稱為「映射$f$的**定義域**」。

在這例子中雖然沒有這樣稱呼，
但這個映射也可以寫成
$\{\ f\ (百合野),\ f\ (吉田),\ f\ (矢島)\ ,\ f\ (室山)\ \} = Y$
這點應該明白吧？

嗯。

謝學長！開動！

### 值域與定義域

由「$f$映射下的像」所形成的集合$\{\ f(x_1), f(x_2), ... , f(x_n)\}$稱為「**映射$f$的值域**」。同時為了呼應「映射$f$的值域」這樣的稱呼，有時又特別將集合$X$稱為「**映射$f$的定義域**」。

「映射$f$的值域」與集合$Y$的關係，有時表示為：

$$\{\ f(x_1),\ f(x_2),\ ... f(x_n)\ \} = Y$$

但一般是表示為：

$$\{\ f(x_1),\ f(x_2),\ ... f(x_n)\ \} \subset Y$$

## 4.4 蓋射、嵌射與對射

接下來我要講**蓋射**、**嵌射**與**對射**。

是。

假設花道大學要與其他大學的空手道社打練習賽，

這裡的映射 $f$ 就可以解釋成隊長要「你跟誰誰誰對打」的命令。

百合野你已經要參加比賽了嗎？

沒……沒有啦，這只是打個比方而已。

我還在基礎練習階段。

## ■ 蓋射

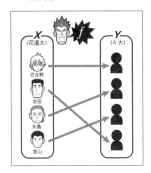

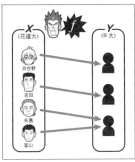

像左邊兩個例子這樣，「映射 $f$ 的值域」與「集合 $Y$」相等時，我們說「映射 $f$ 為**蓋射**」。蓋射又稱為**映成映射**。

## ■ 嵌射

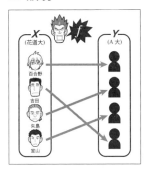

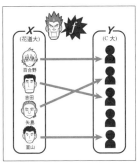

像左邊兩個例子這樣，當 $x_i \neq x_j$ 時 $f(x_i) \neq f(x_j)$，這時我們說「映射 $f$ 為**嵌射**」。嵌射又稱為**一對一映射**。

## ■ 對射

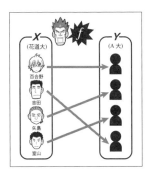

像左邊例子這樣，映射 $f$ 既是蓋射又是嵌射時，我們說「映射 $f$ 為**對射**」。對射又稱為**一對一且映成映射**。

### 4.5 反映射

現在我要講**反映射**。

反……
是相反的
意思嗎？

這次我們把
A 大學這邊的隊長
命令也考慮進來。

當像這樣子，
雙方所期盼的比賽對手
完全一致時，

我們就可以說
「映射 g 為映射 f 的**反映射**」。

哦～

我們再做個
更準確的定義。

映射 $f$ 與映射 $g$ 只要滿足下列二個條件，
就可以說「映射 $g$ 為映射 $f$ 的反映射」。

① $g(f(x_i))$ 與 $x_i$ 相等。
② $f(g(y_j))$ 與 $y_j$ 相等。

啊，
原來如此！

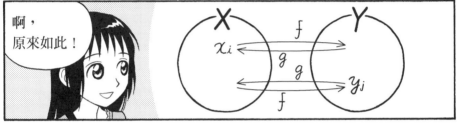

「映射 $f$ 的反映射」
一般是寫成這個樣子。

加上
負一次方
就對了吧！

$$X \xrightarrow{f^{-1}} Y$$

或者

$$f^{-1}: X \longrightarrow Y$$

另外，反映射與對射
有這種關係。

映射 $f$ 存在
相對應的反映射 $\Longleftrightarrow$ 映射 $f$ 為
對射

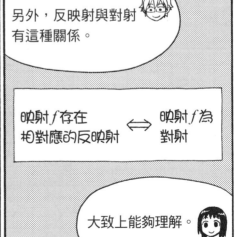

大致上能夠理解。

## 4.6 線性映射

最後我們來談談**線性映射**。

ㄒㄧㄢˋ ㄒㄧㄥˋ ㄧㄥˋ ㄕㄜˋ？

| 基礎 | 基礎知識 | |
| --- | --- | --- |
| 準備 | 矩陣 | |
| 主題 | 線性映射 | 固有值與固有向量 |

啊！
是主題之一！

現在就要
講到了嗎？

這裡我們只會大略
提一下。

等到「主題」的時候
再做正式的解說。

但它還是很抽象，
要注意嘍！

呃，是！

線性映射的定義是這樣子。

啊？

## 線性映射

設 $x_i$ 與 $x_j$ 是 $X$ 的任意元素，$c$ 為任意實數，$f$ 為「從 $X$ 到 $Y$ 的映射」。

當映射 $f$ 滿足下列二個條件時，我們稱「映射 $f$ 為從 $X$ 到 $Y$ 的線性映射」。

① $f(x_i) + f(x_j)$ 與 $f(x_i + x_j)$ 相等。
② $cf(x_i)$ 與 $f(cx_i)$ 相等。

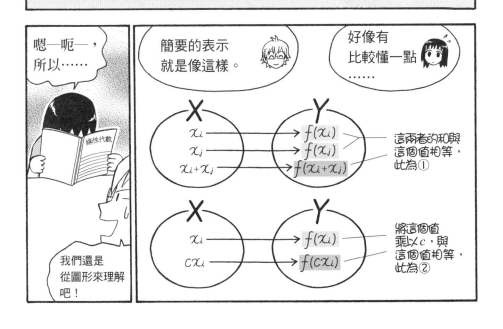

嗯—呃—，所以……

我們還是從圖形來理解吧！

簡要的表示就是像這樣。

好像有比較懂一點……

這兩者的和與這個值相等，此為①

將這個值乘以 $c$，與這個值相等，此為②

這裡分別舉出線性映射與非線性映射的例子。

■ 線性映射的例子

映射 $f(x) = 2x$ 為線性映射。因為它如下表所顯示，①與②均滿足。

| ①的驗證 | $\begin{cases} f(x_i) + f(x_j) = 2x_i + 2x_j \\ f(x_i + x_j) = 2(x_i + x_j) = 2x_i + 2x_j \end{cases}$ |
|---|---|
| ②的驗證 | $\begin{cases} cf(x_i) = c(2x_j) = 2cx_i \\ f(cx_i) = 2(cx_i) = 2cx_i \end{cases}$ |

■ 非線性映射的例子

映射 $f(x) = 2x - 1$ 並非線性映射。因為它如下表所顯示，①與②都不滿足。

| ①的驗證 | $\begin{cases} f(x_i) + f(x_j) = 2x_i - 1 + 2x_j - 1 = 2x_i + 2x_j - 2 \\ f(x_i + x_j) = 2(x_i + x_j) - 1 = 2x_i + 2x_j - 1 \end{cases}$ |
|---|---|
| ②的驗證 | $\begin{cases} cf(x_i) = c(2x_i - 1) = 2cx_i - c \\ f(cx_i) = 2(cx_i) - 1 = 2cx_i - 1 \end{cases}$ |

有大概抓到一個感覺了嗎？

……

是，有點懂了！

呼

百合野同學謝謝你！

今天就講到這裡！

不會不會，妳辛苦了！

不，我是非常
非常高興啦，
只是……

這個……

那就
麻煩妳嘍？

做便當……

嗯！

我也常常幫大哥
做唷，元氣便當♪

哇……那妳大哥
應該很高興吧？

# 5. 希臘字母

數學中常常會用到 $\overset{(alfa)}{\alpha}$、$\overset{(theta)}{\theta}$ 這些**希臘字母**。希臘字母顧名思義，是希臘共和國所使用的文字字母。

我們將希臘文字做一份列表。雖然你不需要去背它們，但既然會提到，還是趁此機會稍微看看吧！

| 大寫 | 小寫 | 唸法 |
| --- | --- | --- |
| A | $\alpha$ | alpha |
| B | $\beta$ | beta |
| Γ | $\gamma$ | gamma |
| Δ | $\delta$ | delta |
| E | $\epsilon$ | epsilon |
| Z | $\zeta$ | zeta |
| H | $\eta$ | eta |
| Θ | $\theta$ | theta |
| I | $\iota$ | iota |
| K | $\kappa$ | kappa |
| Λ | $\lambda$ | lambda |
| M | $\mu$ | mu |
| N | $\nu$ | nu |
| Ξ | $\xi$ | xi |
| O | $o$ | omicron |
| Π | $\pi$ | pi |
| P | $\rho$ | rho |
| Σ | $\sigma$ | sigma |
| T | $\tau$ | tau |
| Υ | $\upsilon$ | upsilon |
| Φ | $\varphi$ | phi |
| X | $\chi$ | chi |
| Ψ | $\psi$ | psi |
| Ω | $\omega$ | omega |

# 6. 理科特有的說法

在理科的世界中，有些情況會用與到平常人所說：

- 加法
- 減法
- 乘法
- 除法

不同的獨特說法，在這裡整理成下表。你可能會覺得「理科特有的說法②」是很奇怪的用法，但只要接受有這種用法就可以了。

|  | 一般的說法 | 理科特有的說法① | 理科特有的說法② |
|---|---|---|---|
| 6 + 2 = 8 | 6 加 2 等於 8 | 6 與 2 的和為 8 | 將 6 與 2 作和得 8 |
| 6 − 2 = 4 | 6 減 2 等於 4 | 6 與 2 的差為 4 | 將 6 與 2 作差得 4 |
| 6 × 2 = 12 | 6 乘以 2 等於 12 | 6 與 2 的積為 12 | 將 6 與 2 作積得 12 |
| 6 ÷ 2 = 3 | 6 除以 2 等於 3 | 6 與 2 的商為 3 | 將 6 與 2 作商得 3 |

# 7. 組合與排列

本節要透過具體的例子，來解釋**組合與排列**。

這節的程序會依照

「 **?問題** → **思考** → **!解答** 」來進行。

**?問題**

某天，木村買了收錄有Ａ、Ｂ、Ｃ、Ｄ、Ｅ、Ｆ、Ｇ七首曲子的CD。他聽了非常喜歡，決定當做明天與朋友鳥越一起去兜風時放的背景音樂。但他又怕要是把CD全部曲子拿給鳥越聽，會太強迫推銷自己的喜好。因此他決定只挑出三首燒成CD。

(1)請求出「從七首選出三首的可能性個數」。

(2)請求出「選出的三首的曲順可能性個數」。

(3)請求出「從七首選出三首燒成CD的可能性個數」。

**思考**

「從七首選出三首燒成CD」這種行為，就與

- 從七首中選出三首
- 再決定這三首的曲順

意義相同。因此「從七首選出三首燒成CD的可能性個數」，也就是(3)的解為：

從七首選出三首的可能性個數 $\times$ 選出的三首的曲順可能性個數

(1)的解　　　　　　　　　　　　　　　　(2)的解

解答

(1)從七首選出三首的可能性個數

從七首選出三首的可能性個數，正如下表所示，為 35 個。

| 第 1 可能性 | A、B、C | | 第 16 可能性 | B、C、D |
|---|---|---|---|---|
| 第 2 可能性 | A、B、D | | 第 17 可能性 | B、C、E |
| 第 3 可能性 | A、B、E | | 第 18 可能性 | B、C、F |
| 第 4 可能性 | A、B、F | | 第 19 可能性 | B、C、G |
| 第 5 可能性 | A、B、G | | 第 20 可能性 | B、D、E |
| 第 6 可能性 | A、C、D | | 第 21 可能性 | B、D、F |
| 第 7 可能性 | A、C、E | | 第 22 可能性 | B、D、G |
| 第 8 可能性 | A、C、F | | 第 23 可能性 | B、E、F |
| 第 9 可能性 | A、C、G | | 第 24 可能性 | B、E、G |
| 第 10 可能性 | A、D、E | | 第 25 可能性 | B、F、G |
| 第 11 可能性 | A、D、F | | 第 26 可能性 | C、D、E |
| 第 12 可能性 | A、D、G | | 第 27 可能性 | C、D、F |
| 第 13 可能性 | A、E、F | | 第 28 可能性 | C、D、G |
| 第 14 可能性 | A、E、G | | 第 29 可能性 | C、E、F |
| 第 15 可能性 | A、F、G | | 第 30 可能性 | C、E、G |
| | | | 第 31 可能性 | C、F、G |
| | | | 第 32 可能性 | D、E、F |
| | | | 第 33 可能性 | D、E、G |
| | | | 第 34 可能性 | D、F、G |
| | | | 第 35 可能性 | E、F、G |

「從 $n$ 項中選出 $r$ 項的可能性個數」稱為「**組合的個數**」。
「組合的個數」，一般會記為 $_nC_r$。因此
$$_7C_3 = 35$$

⑵選出的三首的曲順可能性個數

假若他選出A、B、C這三首曲子，則可以推出的曲順可能性：

| 第1首 | → | 第2首 | → | 第3首 |
|---|---|---|---|---|
| A | → | B | → | C |
| A | → | C | → | B |
| B | → | A | → | C |
| B | → | C | → | A |
| C | → | A | → | B |
| C | → | B | → | A |

一共 6 種。假若他選出B、E、G這三首曲子，則可以推出的曲順可能性：

| 第1首 | → | 第2首 | → | 第3首 |
|---|---|---|---|---|
| B | → | E | → | G |
| B | → | G | → | E |
| E | → | B | → | G |
| E | → | G | → | B |
| G | → | B | → | E |
| G | → | E | → | B |

一共 6 種。從這二個例子我們可以推導出，無論選的是哪三首，「選出的三首的曲順可能性個數」都是 6。

> 「選出的三首的曲順可能性個數」的 6，其實可改寫成 3×2×1。這並非碰巧可以改寫成這樣，是因為它是下面①、②、③的值相乘起來，才能改寫成 3×2×1。
> ①曲順第 1 首的候選曲，就是被選出的這「3」首曲子。
> ②曲順第 2 首的候選曲，是除了被選為第 1 首之外的「2」首曲子。
> ③曲順第 3 首的候選曲，是除了被選為第 1 首、第 2 首之外的「1」首曲子。

⑶從七首選出三首燒成CD的可能性個數

　　「從七首選出三首燒成CD的可能性個數」為：

　　　　從七首選出三首燒成CD的可能性個數
　　＝（從七首選出三首的可能性個數）×（選出的三首的曲順可能性個數）
　　＝ $_7C_3 \times 6$
　　＝ $35 \times 6$
　　＝ $210$

---

　　「從 $n$ 項東西中選出 $r$ 項，再對這 $r$ 項做排列的可能性個數」稱為「**排列**的個數」。
　　「排列的個數」，一般會標記為 $_nP_r$。因此
　　　　　　　　　$_7P_3 = 210$

---

「從 A、B、C、D、E、F、G 七首選出三首燒成 CD 的可能性個
數」具體的情況我們整理成下表：

| | 第 1 首 | → | 第 2 首 | → | 第 3 首 |
|---|---|---|---|---|---|
| 可能性 1 | A | → | B | → | C |
| 可能性 2 | A | → | B | → | D |
| 可能性 3 | A | → | B | → | E |
| ⋮ | ⋮ | | ⋮ | | ⋮ |
| 可能性 30 | A | → | G | → | F |
| 可能性 31 | B | → | A | → | C |
| ⋮ | | | ⋮ | | ⋮ |
| 可能性 60 | B | → | G | → | F |
| 可能性 61 | C | → | A | → | B |
| ⋮ | | | ⋮ | | ⋮ |
| 可能性 90 | C | → | G | → | F |
| 可能性 91 | D | → | A | → | B |
| ⋮ | | | ⋮ | | ⋮ |
| 可能性 120 | D | → | G | → | F |
| 可能性 121 | E | → | A | → | B |
| ⋮ | | | ⋮ | | ⋮ |
| 可能性 150 | E | → | G | → | F |
| 可能性 151 | F | → | A | → | B |
| ⋮ | | | ⋮ | | ⋮ |
| 可能性 180 | F | → | G | → | E |
| 可能性 181 | G | → | A | → | B |
| ⋮ | | | ⋮ | | ⋮ |
| 可能性 219 | G | → | E | → | F |
| 可能性 210 | G | → | F | → | E |

　　「從七首選出三首燒成 CD 的可能性個數」的 210，可以寫做
7×6×5。這並非碰巧可以改寫成這樣，是它是因為下面①、②、③
的值相乘起來，才能改寫成 7×6×5。

　　①曲順第 1 首的候選曲，就是 A、B、C、D、E、F、G 這「7」首
　　　曲子。

　　②曲順第 2 首的候選曲，是除了被選為第 1 首之外的「6」首曲子。

　　③曲順第 3 首的候選曲，是除了被選為第 1 首、第 2 首之外的「5」
　　　首曲子。

「從七首選出三首燒成 CD 的可能性個數」的「$_7C_3 \times 6 = 210$」，可以改寫為

$$_7C_3 \times 6 \qquad\qquad = 210$$
$$_7C_3 \times (3 \times 2 \times 1) = 7 \times 6 \times 5$$

$$_7C_3 = \frac{7 \times 6 \times 5}{3 \times 2 \times 1} = \frac{7 \times 6 \times 5}{3 \times 2 \times 1} \times \frac{4 \times 3 \times 2 \times 1}{4 \times 3 \times 2 \times 1}$$

也就是說，「從 $n$ 項中選出 $r$ 項的可能性個數」的 $_nC_r$，可以改寫為

$$_nC_r = \frac{n \times (n-1) \times \cdots \times (n-(r-1))}{r \times (r-1) \times \cdots \times 1}$$

$$= \frac{n \times (n-1) \times \cdots \times (n-(r-1))}{r \times (r-1) \times \cdots \times 1} \times \frac{(n-r) \times (n-(r+1)) \times \cdots \times 1}{(n-r) \times (n-(r+1)) \times \cdots \times 1}$$

以上兩點請保留在你的記憶裡。

另外在數學中，有時會用這種表示法：

- $3 \times 2 \times 1$ 寫為 $3!$
- $7 \times 6 \times 5 \times 4 \times 3 \times 2 \times 1$ 寫為 $7!$

因此 $_nC_r$ 也可以表示為：

$$_nC_r = \frac{n!}{r! \times (n-r)!}$$

在 41 到 42 頁中，我們將「大家點最便宜的東西」、「大家都點不同的東西」、「大家點自己喜歡吃的東西」的隊長命令都解釋為映射。嚴格來說，第二句「大家都點不同的東西」其實不能算映射。因為這句命令與其他兩句不同，會造成如下圖般許多不同的可能性：

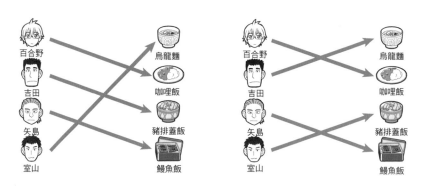

換句話說，會造成許多可能性的命令就只能算是「命令」，而不能算是映射。

喝！

喝！

百合野！

打起
精神來！

驚

你用手在使力嘍！

要用腰使力！

謝學長！

我還以為
他會馬上退
出呢……

沒想到
還滿有毅力嘛。

呼呼

噹

百合野同學，
練習辛苦了。

當然嘍。

好棒！

這真的是
給我吃的嗎!?

涙
流
滿
面

太感謝妳了！
我這就開動！

大快朵頤

好吃！

真是
太美味了！

太好了！

謝謝妳
美紗！

不客氣！

我吃飽了！

謝謝妳的午餐讓我元氣百倍！那我們開始講課嘍。

是！請多指教！

今天要講這個。

今天的課程基本上應該完全不難，

只有最後解說的**反矩陣**會有點複雜……加油吧！

是！

**課程大綱**

| 基礎 | 基礎知識 |
| 準備 | 矩陣 | 向量 |
| 主題 | 線性映射 | 固有值與 |

線性代數中常常會談到**矩陣**的問題，因此要好好學習

# 1. 矩陣

第 1 行　第 2 行　　　第 $n$ 行

第 1 列

第 2 列

第 $m$ 列

$$\begin{pmatrix} a_{11} & a_{12} & \cdots & a_{1n} \\ a_{21} & a_{22} & \cdots & a_{2n} \\ \vdots & \vdots & \ddots & \vdots \\ a_{m1} & a_{m2} & \cdots & a_{mn} \end{pmatrix}$$

另外，這個稱為足碼。

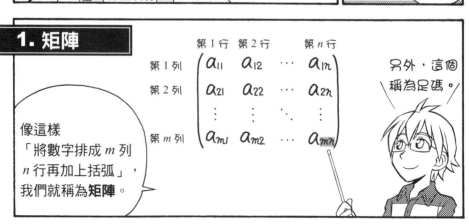

像這樣「將數字排成 $m$ 列 $n$ 行再加上括弧」，我們就稱為**矩陣**。

從 $m$ 列 $n$ 行所構成的矩陣稱為「$m×n$ **矩陣**」或「$m$ 列 $n$ 行的**矩陣**」。

$$\begin{pmatrix} 1 & 2 & 3 \\ 4 & 5 & 6 \end{pmatrix} \qquad \begin{pmatrix} -3 \\ 0 \\ 8 \\ -7 \end{pmatrix} \qquad \begin{pmatrix} a_{11} & a_{12} & \cdots & a_{1n} \\ a_{21} & a_{22} & \cdots & a_{2n} \\ \vdots & \vdots & \ddots & \vdots \\ a_{m1} & a_{m2} & \cdots & a_{mn} \end{pmatrix}$$

$2×3$ 矩陣　　$4×1$ 矩陣　　　　$m×n$ 矩陣

是。

括弧裡面的東西我們稱為**元素**。

比如說「元素(2,1)」就是這個。

原來是這樣啊～

第1行　第2行　第3行
第1列 $\begin{pmatrix} 1 & 2 & 3 \\ 4 & 5 & 6 \end{pmatrix}$ 第2列

　　　　　　　第1行
第1列 $\begin{pmatrix} -3 \\ 0 \\ 8 \\ -7 \end{pmatrix}$
第2列
第3列
第4列

　　第1行　第2行　　　第n行
第1列 $\begin{pmatrix} a_{11} & a_{12} & \cdots & a_{1n} \\ a_{21} & a_{22} & \cdots & a_{2n} \\ \vdots & \vdots & \ddots & \vdots \\ a_{m1} & a_{m2} & \cdots & a_{mn} \end{pmatrix}$
第2列

第m列

行數與列數相等的矩陣稱為「$n$ **次方陣**」。

$$\begin{pmatrix} 1 & 2 \\ 3 & 4 \end{pmatrix} \qquad \begin{pmatrix} a_{11} & a_{12} & \cdots & a_{1n} \\ a_{21} & a_{22} & \cdots & a_{2n} \\ \vdots & \vdots & \ddots & \vdots \\ a_{n1} & a_{n2} & \cdots & a_{nn} \end{pmatrix}$$

二次方陣　　　　　　$n$ 次方陣

我懂了。

右斜的對角線上的元素稱為對角元素。

矩陣這個概念
真是奇妙……
究竟是誰在什麼時候
想出來的呢？

詳情我也
不清楚。

但無論起源為何，
矩陣是很常
被使用的。

為什麼
呢？

・可以將一次聯立方程式清楚地
　做視覺化表示。

・可以減輕教師寫黑板的程序。

・可以減少書籍的紙張。

它有上面
這些好處。

簡單來說
就是因為它
很方便吧？

沒錯。

另外，像這樣的一次聯立方程式——

現在故意將1×1的1寫進來。

$$\begin{cases} 1x_1 + 2x_2 = -1 \\ 3x_1 + 4x_2 = 0 \\ 5x_1 + 6x_2 = 5 \end{cases}$$

沙 沙

用矩陣來表示的話就可以表示成這個樣子。

$$\begin{pmatrix} 1 & 2 \\ 3 & 4 \\ 5 & 6 \end{pmatrix}\begin{pmatrix} x_1 \\ x_2 \end{pmatrix} = \begin{pmatrix} -1 \\ 0 \\ 5 \end{pmatrix}$$

眞是簡潔。

嗯。然後……

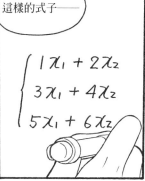

這樣的式子——

$$\begin{cases} 1x_1 + 2x_2 \\ 3x_1 + 4x_2 \\ 5x_1 + 6x_2 \end{cases}$$

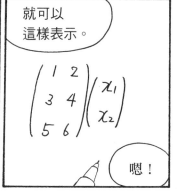

就可以這樣表示。

$$\begin{pmatrix} 1 & 2 \\ 3 & 4 \\ 5 & 6 \end{pmatrix}\begin{pmatrix} x_1 \\ x_2 \end{pmatrix}$$

嗯！

## 用矩陣來表示

$$\begin{cases} a_{11}x_1 + a_{12}x_2 + \cdots + a_{1n}x_n = b_1 \\ a_{21}x_1 + a_{22}x_2 + \cdots + a_{2n}x_n = b_2 \\ \cdots\cdots\cdots\cdots\cdots\cdots \\ a_{m1}x_1 + a_{m2}x_2 + \cdots + a_{mn}x_n = b_m \end{cases}$$

可以表示成

$$\begin{pmatrix} a_{11} & a_{12} & \cdots & a_{1n} \\ a_{21} & a_{22} & \cdots & a_{2n} \\ \vdots & \vdots & \ddots & \vdots \\ a_{m1} & a_{m2} & \cdots & a_{mn} \end{pmatrix}\begin{pmatrix} x_1 \\ x_2 \\ \vdots \\ x_n \end{pmatrix} = \begin{pmatrix} b_1 \\ b_2 \\ \vdots \\ b_m \end{pmatrix}$$

$$\begin{cases} a_{11}x_1 + a_{12}x_2 + \cdots + a_{1n}x_n \\ a_{21}x_1 + a_{22}x_2 + \cdots + a_{2n}x_n \\ \cdots\cdots\cdots\cdots\cdots\cdots \\ a_{m1}x_1 + a_{m2}x_2 + \cdots + a_{mn}x_n \end{cases}$$

可以表示成

$$\begin{pmatrix} a_{11} & a_{12} & \cdots & a_{1n} \\ a_{21} & a_{22} & \cdots & a_{2n} \\ \vdots & \vdots & \ddots & \vdots \\ a_{m1} & a_{m2} & \cdots & a_{mn} \end{pmatrix}\begin{pmatrix} x_1 \\ x_2 \\ \vdots \\ x_n \end{pmatrix}$$

## 2. 矩陣的計算

接下來要講矩陣的計算。

我們會解說
・和
・差
・純量倍數
・積

■ 和

比方說 $3 \times 2$ 矩陣 $\begin{pmatrix} 1 & 2 \\ 3 & 4 \\ 5 & 6 \end{pmatrix}$ 與 $3 \times 2$ 矩陣 $\begin{pmatrix} 6 & 5 \\ 4 & 3 \\ 2 & 1 \end{pmatrix}$ 的和為

$$\begin{pmatrix} 1 & 2 \\ 3 & 4 \\ 5 & 6 \end{pmatrix} + \begin{pmatrix} 6 & 5 \\ 4 & 3 \\ 2 & 1 \end{pmatrix}$$

可以當作 $\begin{pmatrix} 1+6 & 2+5 \\ 3+4 & 4+3 \\ 5+2 & 6+1 \end{pmatrix}$ 用計算得出。

例

$\cdot \begin{pmatrix} 1 & 2 \\ 3 & 4 \\ 5 & 6 \end{pmatrix} + \begin{pmatrix} 6 & 5 \\ 4 & 3 \\ 2 & 1 \end{pmatrix} = \begin{pmatrix} 1+6 & 2+5 \\ 3+4 & 4+3 \\ 5+2 & 6+1 \end{pmatrix} = \begin{pmatrix} 7 & 7 \\ 7 & 7 \\ 7 & 7 \end{pmatrix}$

$\cdot (10 \quad 10) + (-3 \quad -6) = (10+(-3) \quad 10+(-6)) = (7 \quad 4)$

$\cdot \begin{pmatrix} 10 \\ 10 \end{pmatrix} + \begin{pmatrix} -3 \\ -6 \end{pmatrix} = \begin{pmatrix} 10+(-3) \\ 10+(-6) \end{pmatrix} = \begin{pmatrix} 7 \\ 4 \end{pmatrix}$

■ 差

比方說 $3 \times 2$ 矩陣 $\begin{pmatrix} 1 & 2 \\ 3 & 4 \\ 5 & 6 \end{pmatrix}$ 與 $3 \times 2$ 矩陣 $\begin{pmatrix} 6 & 5 \\ 4 & 3 \\ 2 & 1 \end{pmatrix}$ 的差為

$$\begin{pmatrix} 1 & 2 \\ 3 & 4 \\ 5 & 6 \end{pmatrix} - \begin{pmatrix} 6 & 5 \\ 4 & 3 \\ 2 & 1 \end{pmatrix}$$

可以當作 $\begin{pmatrix} 1-6 & 2-5 \\ 3-4 & 4-3 \\ 5-2 & 6-1 \end{pmatrix}$ 用計算得出。

例

· $\begin{pmatrix} 1 & 2 \\ 3 & 4 \\ 5 & 6 \end{pmatrix} - \begin{pmatrix} 6 & 5 \\ 4 & 3 \\ 2 & 1 \end{pmatrix} = \begin{pmatrix} 1-6 & 2-5 \\ 3-4 & 4-3 \\ 5-2 & 6-1 \end{pmatrix} = \begin{pmatrix} -5 & -3 \\ -1 & 1 \\ 3 & 5 \end{pmatrix}$

· $(10 \quad 10) - (-3 \quad -6) = (10-(-3) \quad 10-(-6)) = (13 \quad 16)$

· $\begin{pmatrix} 10 \\ 10 \end{pmatrix} - \begin{pmatrix} -3 \\ -6 \end{pmatrix} = \begin{pmatrix} 10-(-3) \\ 10-(-6) \end{pmatrix} = \begin{pmatrix} 13 \\ 16 \end{pmatrix}$

## ■ 純量倍數

比方說將 $3 \times 2$ 矩陣 $\begin{pmatrix} 1 & 2 \\ 3 & 4 \\ 5 & 6 \end{pmatrix}$ 乘以十倍為

$$10 \begin{pmatrix} 1 & 2 \\ 3 & 4 \\ 5 & 6 \end{pmatrix}$$

可以當作 $\begin{pmatrix} 10 \times 1 & 10 \times 2 \\ 10 \times 3 & 10 \times 4 \\ 10 \times 5 & 10 \times 6 \end{pmatrix}$ 用計算得出。

例

$$\cdot \ 10 \begin{pmatrix} 1 & 2 \\ 3 & 4 \\ 5 & 6 \end{pmatrix} = \begin{pmatrix} 10 \times 1 & 10 \times 2 \\ 10 \times 3 & 10 \times 4 \\ 10 \times 5 & 10 \times 6 \end{pmatrix} = \begin{pmatrix} 10 & 20 \\ 30 & 40 \\ 50 & 60 \end{pmatrix}$$

$$\cdot \ 2(3 \quad 1) = (2 \times 3 \quad 2 \times 1) = (6 \quad 2)$$

$$\cdot \ 2 \begin{pmatrix} 3 \\ 1 \end{pmatrix} = \begin{pmatrix} 2 \times 3 \\ 2 \times 1 \end{pmatrix} = \begin{pmatrix} 6 \\ 2 \end{pmatrix}$$

## ■ 積

請記得前面講過的「運用矩陣時，可以寫成」這個概念。

$$\begin{cases} 1x_1 + 2x_2 \\ 3x_1 + 4x_2 \\ 5x_1 + 6x_2 \end{cases} \quad \begin{pmatrix} 1 & 2 \\ 3 & 4 \\ 5 & 6 \end{pmatrix} \begin{pmatrix} x_1 \\ x_2 \end{pmatrix}$$

比方說 3×2 矩陣  與 2×2 矩陣 $\begin{pmatrix} x_1 & y_1 \\ x_2 & y_2 \end{pmatrix}$ 之積

$$\begin{pmatrix} 1 & 2 \\ 3 & 4 \\ 5 & 6 \end{pmatrix} \begin{pmatrix} x_1 & y_1 \\ x_2 & y_2 \end{pmatrix}$$

與其說是積，其實可以說就是單純地將

$$\begin{pmatrix} 1 & 2 \\ 3 & 4 \\ 5 & 6 \end{pmatrix} \begin{pmatrix} x_1 \\ x_2 \end{pmatrix} \quad 與 \quad \begin{pmatrix} 1 & 2 \\ 3 & 4 \\ 5 & 6 \end{pmatrix} \begin{pmatrix} y_1 \\ y_2 \end{pmatrix}$$

，也就是 $\begin{cases} 1x_1 + 2x_2 \\ 3x_1 + 4x_2 \\ 5x_1 + 6x_2 \end{cases}$ 與 $\begin{cases} 1y_1 + 2y_2 \\ 3y_1 + 4y_2 \\ 5y_1 + 6y_2 \end{cases}$ 同時表示出來。

例

· $\begin{pmatrix} 1 & 2 \\ 3 & 4 \\ 5 & 6 \end{pmatrix} \begin{pmatrix} x_1 & y_1 \\ x_2 & y_2 \end{pmatrix} = \begin{pmatrix} 1x_1 + 2x_2 & 1y_1 + 2y_2 \\ 3x_1 + 4x_2 & 3y_1 + 4y_2 \\ 5x_1 + 6x_2 & 5y_1 + 6y_2 \end{pmatrix}$

後面還有喔

正如下例所示，矩陣對調後的積，一般來說不會與原來的結果一致。

$$\cdot \begin{pmatrix} 8 & -3 \\ 2 & 1 \end{pmatrix}\begin{pmatrix} 3 & 1 \\ 1 & 2 \end{pmatrix} = \begin{pmatrix} 8\times3+(-3)\times1 & 8\times1+(-3)\times2 \\ 2\times3+\ \ 1\times1 & 2\times1+\ \ 1\times2 \end{pmatrix} = \begin{pmatrix} 24-3 & 8-6 \\ 6+1 & 2+2 \end{pmatrix} = \begin{pmatrix} 21 & 2 \\ 7 & 4 \end{pmatrix}$$

$$\cdot \begin{pmatrix} 3 & 1 \\ 1 & 2 \end{pmatrix}\begin{pmatrix} 8 & -3 \\ 2 & 1 \end{pmatrix} = \begin{pmatrix} 3\times8+1\times2 & 3\times(-3)+1\times1 \\ 1\times8+2\times2 & 1\times(-3)+2\times1 \end{pmatrix} = \begin{pmatrix} 24+2 & -9+1 \\ 8+4 & -3+2 \end{pmatrix} = \begin{pmatrix} 26 & -8 \\ 12 & -1 \end{pmatrix}$$

這裡要注意一點，

只有在「左邊矩陣的行數」與「右邊矩陣的列數」相等時，才有辦法計算矩陣的積。

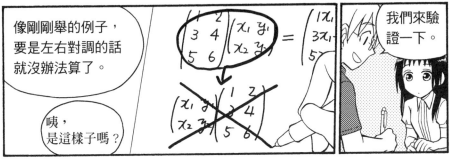

像剛剛舉的例子，要是左右對調的話就沒辦法算了。

咦，是這樣子嗎？

我們來驗證一下。

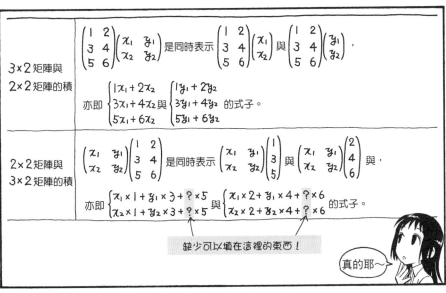

$3 \times 2$ 矩陣與 $2 \times 2$ 矩陣的積

$\begin{pmatrix} 1 & 2 \\ 3 & 4 \\ 5 & 6 \end{pmatrix}\begin{pmatrix} x_1 & y_1 \\ x_2 & y_2 \end{pmatrix}$ 是同時表示 $\begin{pmatrix} 1 & 2 \\ 3 & 4 \\ 5 & 6 \end{pmatrix}\begin{pmatrix} x_1 \\ x_2 \end{pmatrix}$ 與 $\begin{pmatrix} 1 & 2 \\ 3 & 4 \\ 5 & 6 \end{pmatrix}\begin{pmatrix} y_1 \\ y_2 \end{pmatrix}$，

亦即 $\begin{cases} 1x_1 + 2x_2 \\ 3x_1 + 4x_2 \\ 5x_1 + 6x_2 \end{cases}$ 與 $\begin{cases} 1y_1 + 2y_2 \\ 3y_1 + 4y_2 \\ 5y_1 + 6y_2 \end{cases}$ 的式子。

$2 \times 2$ 矩陣與 $3 \times 2$ 矩陣的積

$\begin{pmatrix} x_1 & y_1 \\ x_2 & y_2 \end{pmatrix}\begin{pmatrix} 1 & 2 \\ 3 & 4 \\ 5 & 6 \end{pmatrix}$ 是同時表示 $\begin{pmatrix} x_1 & y_1 \\ x_2 & y_2 \end{pmatrix}\begin{pmatrix} 1 \\ 3 \\ 5 \end{pmatrix}$ 與 $\begin{pmatrix} x_1 & y_1 \\ x_2 & y_2 \end{pmatrix}\begin{pmatrix} 2 \\ 4 \\ 6 \end{pmatrix}$ 與，

亦即 $\begin{cases} x_1 \times 1 + y_1 \times 3 + ? \times 5 \\ x_2 \times 1 + y_2 \times 3 + ? \times 5 \end{cases}$ 與 $\begin{cases} x_1 \times 2 + y_1 \times 4 + ? \times 6 \\ x_2 \times 2 + y_2 \times 4 + ? \times 6 \end{cases}$ 的式子。

缺少可以填在這裡的東西！

真的耶～

還有一點要注意。$n$ 次方陣自乘 $p$ 次——

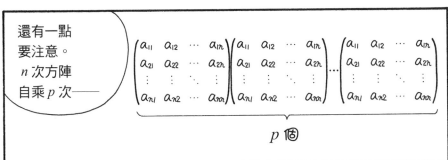

$$\begin{pmatrix} a_{11} & a_{12} & \cdots & a_{1n} \\ a_{21} & a_{22} & \cdots & a_{2n} \\ \vdots & \vdots & \ddots & \vdots \\ a_{n1} & a_{n2} & \cdots & a_{nn} \end{pmatrix}\begin{pmatrix} a_{11} & a_{12} & \cdots & a_{1n} \\ a_{21} & a_{22} & \cdots & a_{2n} \\ \vdots & \vdots & \ddots & \vdots \\ a_{n1} & a_{n2} & \cdots & a_{nn} \end{pmatrix}\cdots\begin{pmatrix} a_{11} & a_{12} & \cdots & a_{1n} \\ a_{21} & a_{22} & \cdots & a_{2n} \\ \vdots & \vdots & \ddots & \vdots \\ a_{n1} & a_{n2} & \cdots & a_{nn} \end{pmatrix}$$

$p$ 個

$$\begin{pmatrix} a_{11} & a_{12} & \cdots & a_{1n} \\ a_{21} & a_{22} & \cdots & a_{2n} \\ \vdots & \vdots & \ddots & \vdots \\ a_{n1} & a_{n2} & \cdots & a_{nn} \end{pmatrix}^p$$

要這樣表示。

所以說……

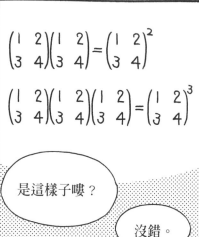

$$\begin{pmatrix} 1 & 2 \\ 3 & 4 \end{pmatrix}\begin{pmatrix} 1 & 2 \\ 3 & 4 \end{pmatrix}=\begin{pmatrix} 1 & 2 \\ 3 & 4 \end{pmatrix}^2$$

$$\begin{pmatrix} 1 & 2 \\ 3 & 4 \end{pmatrix}\begin{pmatrix} 1 & 2 \\ 3 & 4 \end{pmatrix}\begin{pmatrix} 1 & 2 \\ 3 & 4 \end{pmatrix}=\begin{pmatrix} 1 & 2 \\ 3 & 4 \end{pmatrix}^3$$

是這樣子嘍？

沒錯。

咦？三次方這個要怎麼算呀？

我有點混亂了

啊，它是這個樣子，

只要從左邊或右邊的式子起依順序計算出積就可以了。

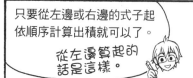

從左邊算起的話是這樣。

原來是這樣啊！

$$\begin{pmatrix} 1 & 2 \\ 3 & 4 \end{pmatrix}^3=\begin{pmatrix} 1 & 2 \\ 3 & 4 \end{pmatrix}\begin{pmatrix} 1 & 2 \\ 3 & 4 \end{pmatrix}\begin{pmatrix} 1 & 2 \\ 3 & 4 \end{pmatrix}=\begin{pmatrix} 1\times1+2\times3 & 1\times2+2\times4 \\ 3\times1+4\times3 & 3\times2+4\times4 \end{pmatrix}\begin{pmatrix} 1 & 2 \\ 3 & 4 \end{pmatrix}$$

## 3. 特殊矩陣

有幾個矩陣是比較特殊的，

今天我們就從其中⋯⋯

特別介紹這幾個。

① 零矩陣
② 轉置矩陣
③ 對稱矩陣
④ 上三角矩陣
⑤ 下三角矩陣
⑥ 對角矩陣
⑦ 單位矩陣
⑧ 反矩陣

我們從零矩陣開始依序看下來吧。

嗯。

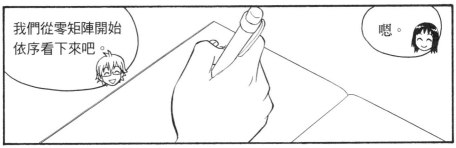

① 零矩陣

零矩陣是所有元素皆為 0 的矩陣。

$$\begin{pmatrix} 0 & 0 \\ 0 & 0 \end{pmatrix} \quad \begin{pmatrix} 0 & 0 & 0 \\ 0 & 0 & 0 \end{pmatrix} \quad \begin{pmatrix} 0 \\ 0 \\ 0 \\ 0 \end{pmatrix}$$

比方說「3×2 矩陣 $\begin{pmatrix} 1 & 2 \\ 3 & 4 \\ 5 & 6 \end{pmatrix}$ 的**轉置矩陣**」，$\begin{pmatrix} 1 & 3 & 5 \\ 2 & 4 & 6 \end{pmatrix}$ 是 2×3 矩陣。

也就是說，轉置矩陣是指將 $m \times n$ 矩陣 $\begin{pmatrix} a_{11} & a_{12} & \cdots & a_{1n} \\ a_{21} & a_{22} & \cdots & a_{2n} \\ \vdots & \vdots & \ddots & \vdots \\ a_{m1} & a_{m2} & \cdots & a_{mn} \end{pmatrix}$

的行與列對調成為

$n \times m$ **矩陣** $\begin{pmatrix} a_{11} & a_{21} & \cdots & a_{m1} \\ a_{12} & a_{22} & \cdots & a_{m2} \\ \vdots & \vdots & \ddots & \vdots \\ a_{1n} & a_{2n} & \cdots & a_{mn} \end{pmatrix}$。

$m \times n$ **矩陣** $\begin{pmatrix} a_{11} & a_{12} & \cdots & a_{1n} \\ a_{21} & a_{22} & \cdots & a_{2n} \\ \vdots & \vdots & \ddots & \vdots \\ a_{m1} & a_{m2} & \cdots & a_{mn} \end{pmatrix}$ 的轉置矩陣可記為

$^t\begin{pmatrix} a_{11} & a_{12} & \cdots & a_{1n} \\ a_{21} & a_{22} & \cdots & a_{2n} \\ \vdots & \vdots & \ddots & \vdots \\ a_{m1} & a_{m2} & \cdots & a_{mn} \end{pmatrix}$

t（transpose）要放在左上角嘻。

**對稱矩陣**是指，像 $\begin{pmatrix} 1 & 5 & 6 & 7 \\ 5 & 2 & 8 & 9 \\ 6 & 8 & 3 & 10 \\ 7 & 9 & 10 & 4 \end{pmatrix}$ 這樣，以對角元素為界，兩邊對稱

的 $n$ 次方陣。

當然，因為這樣，對稱矩陣與其轉置矩陣是完全相同的矩陣。

④ 與⑤上三角矩陣與下三角矩陣

**上三角矩陣**是指，像 $\begin{pmatrix} 1 & 5 & 6 & 7 \\ 0 & 2 & 8 & 9 \\ 0 & 0 & 3 & 10 \\ 0 & 0 & 0 & 4 \end{pmatrix}$ 這樣，在對角元素左下角的元素

全部為 0 的 $n$ 次方陣。

**下三角矩陣**是指，像 $\begin{pmatrix} 1 & 0 & 0 & 0 \\ 5 & 2 & 0 & 0 \\ 6 & 8 & 3 & 0 \\ 7 & 9 & 10 & 4 \end{pmatrix}$ 這樣，在對角元素右上角的元素

全部為 0 的 $n$ 次方陣。

⑥ 對角矩陣

**對角矩陣**是指，像 $\begin{pmatrix} 1 & 0 & 0 & 0 \\ 0 & 2 & 0 & 0 \\ 0 & 0 & 3 & 0 \\ 0 & 0 & 0 & 4 \end{pmatrix}$ 這樣，對角元素以外的元素全部為 0

的 n 次方陣。

這種如 $\begin{pmatrix} 1 & 0 & 0 & 0 \\ 0 & 2 & 0 & 0 \\ 0 & 0 & 3 & 0 \\ 0 & 0 & 0 & 4 \end{pmatrix}$ 的對角矩陣，有時可記為 diag (1,2,3,4)。

「diag」的意思是對角線的英文「diagonal」的略語。

對角矩陣
的自乘積
很有趣唷！

？

86

它會是這個樣子。

$$\begin{pmatrix} a_{11} & 0 & \cdots & 0 \\ 0 & a_{22} & \cdots & 0 \\ \vdots & \vdots & \ddots & \vdots \\ 0 & 0 & \cdots & a_{nn} \end{pmatrix}^{p} = \begin{pmatrix} a_{11}^{p} & 0 & \cdots & 0 \\ 0 & a_{22}^{p} & \cdots & 0 \\ \vdots & \vdots & \ddots & \vdots \\ 0 & 0 & \cdots & a_{nn}^{p} \end{pmatrix}$$

?

妳試著算算看 $\begin{pmatrix} 2 & 0 \\ 0 & 3 \end{pmatrix}^{2}$ 與 $\begin{pmatrix} 2 & 0 \\ 0 & 3 \end{pmatrix}^{3}$。

嗯……

$\cdot \begin{pmatrix} 2 & 0 \\ 0 & 3 \end{pmatrix}^{2} = \begin{pmatrix} 2 & 0 \\ 0 & 3 \end{pmatrix}\begin{pmatrix} 2 & 0 \\ 0 & 3 \end{pmatrix} = \begin{pmatrix} 2\times2+0\times0 & 2\times0+0\times3 \\ 0\times2+3\times0 & 0\times0+3\times3 \end{pmatrix} = \begin{pmatrix} 2^{2} & 0 \\ 0 & 3^{2} \end{pmatrix}$

$\cdot \begin{pmatrix} 2 & 0 \\ 0 & 3 \end{pmatrix}^{3} = \begin{pmatrix} 2 & 0 \\ 0 & 3 \end{pmatrix}^{2}\begin{pmatrix} 2 & 0 \\ 0 & 3 \end{pmatrix} = \begin{pmatrix} 2^{2} & 0 \\ 0 & 3^{2} \end{pmatrix}\begin{pmatrix} 2 & 0 \\ 0 & 3 \end{pmatrix} = \begin{pmatrix} 2^{2}\times2+0\times0 & 2^{2}\times0+0\times3 \\ 0\times2+3^{2}\times0 & 0\times0+3^{2}\times3 \end{pmatrix} = \begin{pmatrix} 2^{3} & 0 \\ 0 & 3^{3} \end{pmatrix}$

應該是這樣吧。

真的耶,所以 $\begin{pmatrix} 2 & 0 \\ 0 & 3 \end{pmatrix}^{p} = \begin{pmatrix} 2^{p} & 0 \\ 0 & 3^{p} \end{pmatrix}$ 嘍!

就是呀。

**單位矩陣**指的就是 diag$(1,1,\cdots,1)$，也就是像這樣，$\begin{pmatrix} 1 & 0 & 0 & 0 \\ 0 & 1 & 0 & 0 \\ 0 & 0 & 1 & 0 \\ 0 & 0 & 0 & 1 \end{pmatrix}$

除了對角元素都為 1 以外，其他元素全部為 0 的 $n$ 次方陣。

任何矩陣不論乘以單位矩陣多少次，都不會有所影響唷。

這怎麼說呢？

這就像是數字的 1 那樣。

$$1 \times 50 = 50$$
$$1 \times \chi = \chi$$

和原本相同

妳試著算算看 $\begin{pmatrix} 1 & 0 \\ 0 & 1 \end{pmatrix}\begin{pmatrix} x_1 \\ x_2 \end{pmatrix}$。

$$\begin{pmatrix} 1 & 0 \\ 0 & 1 \end{pmatrix}\begin{pmatrix} \chi_1 \\ \chi_2 \end{pmatrix} = \begin{pmatrix} 1 \times \chi_1 + 0 \times \chi_2 \\ 0 \times \chi_1 + 1 \times \chi_2 \end{pmatrix} = \begin{pmatrix} \chi_1 \\ \chi_2 \end{pmatrix}$$

真的都沒有變耶。

我們再舉一些其他的例子。

- $$\begin{pmatrix} 1 & 0 & \cdots & 0 \\ 0 & 1 & \cdots & 0 \\ \vdots & \vdots & \ddots & \vdots \\ 0 & 0 & \cdots & 1 \end{pmatrix} \begin{pmatrix} x_1 \\ x_2 \\ \vdots \\ x_n \end{pmatrix} = \begin{pmatrix} 1 \times x_1 + 0 \times x_2 + \cdots + 0 \times x_n \\ 0 \times x_1 + 1 \times x_2 + \cdots + 0 \times x_n \\ \vdots \\ 0 \times x_1 + 0 \times x_2 + \cdots + 1 \times x_n \end{pmatrix} = \begin{pmatrix} x_1 \\ x_2 \\ \vdots \\ x_n \end{pmatrix}$$

- $$\begin{pmatrix} 1 & 0 \\ 0 & 1 \end{pmatrix} \begin{pmatrix} x_{11} & x_{21} & \cdots & x_{n1} \\ x_{12} & x_{22} & \cdots & x_{n2} \end{pmatrix} = \begin{pmatrix} 1 \times x_{11} + 0 \times x_{12} & 1 \times x_{21} + 0 \times x_{22} & \cdots & 1 \times x_{n1} + 0 \times x_{n2} \\ 0 \times x_{11} + 1 \times x_{12} & 0 \times x_{21} + 1 \times x_{22} & \cdots & 0 \times x_{n1} + 1 \times x_{n2} \end{pmatrix}$$

$$= \begin{pmatrix} x_{11} & x_{21} & \cdots & x_{n1} \\ x_{12} & x_{22} & \cdots & x_{n2} \end{pmatrix}$$

- $$\begin{pmatrix} x_{11} & x_{12} \\ x_{21} & x_{22} \\ \vdots & \vdots \\ x_{n1} & x_{n2} \end{pmatrix} \begin{pmatrix} 1 & 0 \\ 0 & 1 \end{pmatrix} = \begin{pmatrix} x_{11} \times 1 + x_{12} \times 0 & x_{11} \times 0 + x_{12} \times 1 \\ x_{21} \times 1 + x_{22} \times 0 & x_{21} \times 0 + x_{12} \times 1 \\ \vdots & \vdots \\ x_{n1} \times 1 + x_{n2} \times 0 & x_{n1} \times 0 + x_{n2} \times 1 \end{pmatrix} = \begin{pmatrix} x_{11} & x_{12} \\ x_{21} & x_{22} \\ \vdots & \vdots \\ x_{n1} & x_{n2} \end{pmatrix}$$

到目前爲止有什麼部分不懂的嗎？

沒問題！

接下來的「⑧反矩陣」會講得滿長的，我們先稍微休息一下吧。

嗯！

呼！

對了，剛剛的便當實在很好吃……妳很會做菜呢。

我只是比較常做而已。

不介意的話我再做給你吃。

我不是在跟妳要……

不會的，只要你吃得開心我就很高興了，

請不用太在意。

啊、真是謝謝妳。

那我們繼續上下去嘍。

是！

# 第 4 章

## 矩陣（續）

⑧ 反矩陣

　　**反矩陣**是指，與 $n$ 次方陣 $\begin{pmatrix} a_{11} & a_{12} & \cdots & a_{1n} \\ a_{21} & a_{22} & \cdots & a_{2n} \\ \vdots & \vdots & \ddots & \vdots \\ a_{n1} & a_{n2} & \cdots & a_{nn} \end{pmatrix}$ 乘起來會成為單位矩陣

$\begin{pmatrix} 1 & 0 & \cdots & 0 \\ 0 & 1 & \cdots & 0 \\ \vdots & \vdots & \ddots & \vdots \\ 0 & 0 & \cdots & 1 \end{pmatrix}$ 的 $n$ 次方陣。更具體來說，如「二次方陣 $\begin{pmatrix} 1 & 2 \\ 3 & 4 \end{pmatrix}$ 的反矩

陣」，就是

$$\begin{pmatrix} 1 & 2 \\ 3 & 4 \end{pmatrix}\begin{pmatrix} x_{11} & x_{12} \\ x_{21} & x_{22} \end{pmatrix} = \begin{pmatrix} 1 & 0 \\ 0 & 1 \end{pmatrix}$$

其中的二次方陣是 $\begin{pmatrix} x_{11} & x_{12} \\ x_{21} & x_{22} \end{pmatrix}$。

哇～

反矩陣的介紹就到此為止。

咦？

你剛剛說會講得很長，怎麼一下就結束了呢？

不！接下來還很長唷！

對於反矩陣，我們不能只知道「世界上有這樣的矩陣存在」，了解——

・反矩陣的求法
・驗證有無反矩陣存在的方法
其實更重要。

$$\begin{pmatrix} 1 & 2 \\ 3 & 4 \end{pmatrix} \begin{pmatrix} x_{11} & x_{12} \\ x_{21} & x_{22} \end{pmatrix} = \begin{pmatrix} 1 & 0 \\ 0 & 1 \end{pmatrix}$$

因此接下來我們就來學習這些吧。

嗯。

利用餘因子的方法

掃除法

求反矩陣的方式有
・利用**餘因子**的方法
・**掃除法**
這兩種。

利用餘因子的方法
在計算上非常麻煩，
很不切實際，

如果老師沒有說「考試會考這個」的話其實不用太管它。

利用餘因子
的方法

啊。

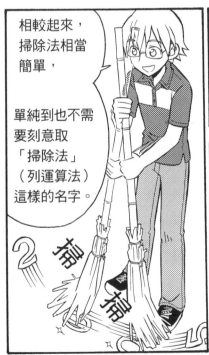

相較起來，
掃除法相當
簡單，

單純到也不需
要刻意取
「掃除法」
（列運算法）
這樣的名字。

今天只會解說
掃除法而已唷。

老師請講！

掃除法在解
一次聯立方程式時
也常常用得到，

我們就先從解
方程式來看看
它的程序吧！

好。

## ? 問題

請解出以下所示的一次聯立方程式。 $\begin{cases}3x_1+1x_2=1\\1x_1+2x_2=0\end{cases}$

## ! 解答

請一面與左邊兩列做比較一面驗證這個程序吧！
好


| 普通的解法 | 將左邊「普通的解法」用矩陣來表示 | 掃除法 |
|---|---|---|
| $\begin{cases}3x_1+1x_2=1\\1x_1+2x_2=0\end{cases}$ 接下來，將上半的式子乘以 2 倍。 | $\begin{pmatrix}3&1\\1&2\end{pmatrix}\begin{pmatrix}x_1\\x_2\end{pmatrix}=\begin{pmatrix}1\\0\end{pmatrix}$ | $\begin{pmatrix}3&1&1\\1&2&0\end{pmatrix}$ |
| $\begin{cases}6x_1+2x_2=2\\1x_1+2x_2=0\end{cases}$ 接下來，將上半的式子減去下半的式子。 | $\begin{pmatrix}6&2\\1&2\end{pmatrix}\begin{pmatrix}x_1\\x_2\end{pmatrix}=\begin{pmatrix}2\\0\end{pmatrix}$ | $\begin{pmatrix}6&2&2\\1&2&0\end{pmatrix}$ |
| $\begin{cases}5x_1+0x_2=2\\1x_1+2x_2=0\end{cases}$ 接下來，將下半的式子乘以 5 倍。 | $\begin{pmatrix}5&0\\1&2\end{pmatrix}\begin{pmatrix}x_1\\x_2\end{pmatrix}=\begin{pmatrix}2\\0\end{pmatrix}$ | $\begin{pmatrix}5&0&2\\1&2&0\end{pmatrix}$ |
| $\begin{cases}5x_1+\ \ 0x_2=2\\5x_1+10x_2=0\end{cases}$ 接下來，將下半的式子減去上半的式子。 | $\begin{pmatrix}5&0\\5&10\end{pmatrix}\begin{pmatrix}x_1\\x_2\end{pmatrix}=\begin{pmatrix}2\\0\end{pmatrix}$ | $\begin{pmatrix}5&0&2\\5&10&0\end{pmatrix}$ |
| $\begin{cases}5x_1+\ \ 0x_2=\ \ 2\\0x_1+10x_2=-2\end{cases}$ 接下來，將上半的式子除以 5、下半的式子除以 10。 | $\begin{pmatrix}5&0\\0&10\end{pmatrix}\begin{pmatrix}x_1\\x_2\end{pmatrix}=\begin{pmatrix}2\\-2\end{pmatrix}$ | $\begin{pmatrix}5&0&2\\0&10&-2\end{pmatrix}$ |
| $\begin{cases}1x_1+0x_2=\frac{2}{5}\\0x_1+1x_2=-\frac{1}{5}\end{cases}$ 得到解答，結束。 | $\begin{pmatrix}1&0\\0&1\end{pmatrix}\begin{pmatrix}x_1\\x_2\end{pmatrix}=\begin{pmatrix}\frac{2}{5}\\-\frac{1}{5}\end{pmatrix}$ | $\begin{pmatrix}1&0&\frac{2}{5}\\0&1&-\frac{1}{5}\end{pmatrix}$ |

變成一樣掃出去

變成一樣掃出去

解出來了！

掃除法的方法是不是就是將原本的聯立方程式改寫成矩陣來計算啊？
不是唷。
它其實是透過使這個部分一步步接近單位矩陣來計算的。
喔～

接下來就是期待已久的反矩陣嘍。

耶……

**? 問題** 請求出如下所示二次方陣的反矩陣。

$$\begin{pmatrix} 3 & 1 \\ 1 & 2 \end{pmatrix}$$

我們必須這樣來思考。

刷刷

求 $\begin{pmatrix} 3 & 1 \\ 1 & 2 \end{pmatrix}$ 的反矩陣。

↓

$$\begin{pmatrix} 3 & 1 \\ 1 & 2 \end{pmatrix}\begin{pmatrix} x_{11} & x_{12} \\ x_{21} & x_{22} \end{pmatrix} = \begin{pmatrix} 1 & 0 \\ 0 & 1 \end{pmatrix}$$ 求滿足的 $\begin{pmatrix} x_{11} & x_{12} \\ x_{21} & x_{22} \end{pmatrix}$。

↓

$$\begin{cases} \begin{pmatrix} 3 & 1 \\ 1 & 2 \end{pmatrix}\begin{pmatrix} x_{11} \\ x_{21} \end{pmatrix} = \begin{pmatrix} 1 \\ 0 \end{pmatrix} \\ \begin{pmatrix} 3 & 1 \\ 1 & 2 \end{pmatrix}\begin{pmatrix} x_{12} \\ x_{22} \end{pmatrix} = \begin{pmatrix} 0 \\ 1 \end{pmatrix} \end{cases}$$ 求滿足的 $\begin{pmatrix} x_{11} \\ x_{21} \end{pmatrix}$ 與 $\begin{pmatrix} x_{12} \\ x_{22} \end{pmatrix}$。

↓

$$\begin{cases} 3x_{11} + 1x_{21} = 1 \\ 1x_{11} + 2x_{21} = 0 \end{cases}$$ 求 $$\begin{cases} 3x_{12} + 1x_{22} = 0 \\ 1x_{12} + 2x_{22} = 1 \end{cases}$$ 與的解。

啊,原來是這樣啊。

那我們就來做做看吧。

96

## 解答

| 普通（？）的解法 | 將左邊「普通（？）的解法」用矩陣來表示 | 掃除法 |
|---|---|---|
| $\begin{cases}3x_{11}+1x_{21}=1\\1x_{11}+2x_{21}=0\end{cases}$ $\begin{cases}3x_{12}+1x_{22}=0\\1x_{12}+2x_{22}=1\end{cases}$ 接下來，將上半的式子乘以 2 倍。 | $\begin{pmatrix}3&1\\1&2\end{pmatrix}\begin{pmatrix}x_{11}&x_{12}\\x_{21}&x_{22}\end{pmatrix}=\begin{pmatrix}1&0\\0&1\end{pmatrix}$ | $\begin{pmatrix}3&1&1&0\\1&2&0&1\end{pmatrix}$ |
| $\begin{cases}6x_{11}+2x_{21}=2\\1x_{11}+2x_{21}=0\end{cases}$ $\begin{cases}6x_{12}+2x_{22}=0\\1x_{12}+2x_{22}=1\end{cases}$ 接下來，將上半的式子減去下半的式子。 | $\begin{pmatrix}6&2\\1&2\end{pmatrix}\begin{pmatrix}x_{11}&x_{12}\\x_{21}&x_{22}\end{pmatrix}=\begin{pmatrix}2&0\\0&1\end{pmatrix}$ | $\begin{pmatrix}6&2&2&0\\1&2&0&1\end{pmatrix}$ |
| $\begin{cases}5x_{11}+0x_{21}=2\\1x_{11}+2x_{21}=0\end{cases}$ $\begin{cases}5x_{12}+0x_{22}=-1\\1x_{12}+2x_{22}=1\end{cases}$ 接下來，將下半的式子乘以 5 倍。 | $\begin{pmatrix}5&0\\1&2\end{pmatrix}\begin{pmatrix}x_{11}&x_{12}\\x_{21}&x_{22}\end{pmatrix}=\begin{pmatrix}2&-1\\0&1\end{pmatrix}$ | $\begin{pmatrix}5&0&2&-1\\1&2&0&1\end{pmatrix}$ |
| $\begin{cases}5x_{11}+0x_{21}=2\\5x_{11}+10x_{21}=0\end{cases}$ $\begin{cases}5x_{12}+0x_{22}=-1\\5x_{12}+10x_{22}=5\end{cases}$ 接下來，將下半的式子減去上半的式子。 | $\begin{pmatrix}5&0\\5&10\end{pmatrix}\begin{pmatrix}x_{11}&x_{12}\\x_{21}&x_{22}\end{pmatrix}=\begin{pmatrix}2&-1\\0&5\end{pmatrix}$ | $\begin{pmatrix}5&0&2&-1\\5&10&0&5\end{pmatrix}$ |
| $\begin{cases}5x_{11}+0x_{21}=2\\0x_{11}+10x_{21}=-2\end{cases}$ $\begin{cases}5x_{12}+0x_{22}=-1\\0x_{12}+10x_{22}=6\end{cases}$ 接下來，將上半的式子除以 5、下半的式子除以 10。 | $\begin{pmatrix}5&0\\0&10\end{pmatrix}\begin{pmatrix}x_{11}&x_{12}\\x_{21}&x_{22}\end{pmatrix}=\begin{pmatrix}2&-1\\-2&6\end{pmatrix}$ | $\begin{pmatrix}5&0&2&-1\\0&10&-2&6\end{pmatrix}$ |
| $\begin{cases}1x_{11}+0x_{21}=\dfrac{2}{5}\\0x_{11}+1x_{21}=-\dfrac{1}{5}\end{cases}$ $\begin{cases}1x_{12}+0x_{22}=-\dfrac{1}{5}\\0x_{12}+1x_{22}=\dfrac{3}{5}\end{cases}$ 得到反矩陣，結束。 | $\begin{pmatrix}1&0\\0&1\end{pmatrix}\begin{pmatrix}x_{11}&x_{12}\\x_{21}&x_{22}\end{pmatrix}=\begin{pmatrix}\dfrac{2}{5}&-\dfrac{1}{5}\\-\dfrac{1}{5}&\dfrac{3}{5}\end{pmatrix}$ | $\begin{pmatrix}1&0&\dfrac{2}{5}&-\dfrac{1}{5}\\0&1&-\dfrac{1}{5}&\dfrac{3}{5}\end{pmatrix}$ |

所以我們要求的反矩陣就是 $\begin{pmatrix}\dfrac{2}{5}&-\dfrac{1}{5}\\-\dfrac{1}{5}&\dfrac{3}{5}\end{pmatrix}$。

耶～！

雖然要花點手續，但不怎麼難嘛。

就是啊。

我們來驗證一下前面求出來的反矩陣跟原來
矩陣乘起來，是不是真的會變成單位矩陣吧！

■「原來的矩陣」與「反矩陣」的積

$$\cdot \begin{pmatrix} 3 & 1 \\ 1 & 2 \end{pmatrix} \begin{pmatrix} \dfrac{2}{5} & -\dfrac{1}{5} \\ -\dfrac{1}{5} & \dfrac{3}{5} \end{pmatrix} = \begin{pmatrix} 3\times\dfrac{2}{5}+1\times\left(-\dfrac{1}{5}\right) & 3\times\left(-\dfrac{1}{5}\right)+1\times\dfrac{3}{5} \\ 1\times\dfrac{2}{5}+2\times\left(-\dfrac{1}{5}\right) & 1\times\left(-\dfrac{1}{5}\right)+2\times\dfrac{3}{5} \end{pmatrix} = \begin{pmatrix} 1 & 0 \\ 0 & 1 \end{pmatrix}$$

■「反矩陣」與「原來的矩陣」的積

$$\cdot \begin{pmatrix} \dfrac{2}{5} & -\dfrac{1}{5} \\ -\dfrac{1}{5} & \dfrac{3}{5} \end{pmatrix} \begin{pmatrix} 3 & 1 \\ 1 & 2 \end{pmatrix} = \begin{pmatrix} \dfrac{2}{5}\times3+\left(-\dfrac{1}{5}\right)\times1 & \dfrac{2}{5}\times1+\left(-\dfrac{1}{5}\right)\times2 \\ \left(-\dfrac{1}{5}\right)\times3+\dfrac{3}{5}\times1 & \left(-\dfrac{1}{5}\right)\times1+\dfrac{3}{5}\times2 \end{pmatrix} = \begin{pmatrix} 1 & 0 \\ 0 & 1 \end{pmatrix}$$

真的都變成單位矩陣了耶。

從這個例子我們可以知道，「原來的矩陣」
與「反矩陣」的乘積與相乘左右順序無關，一
定都會變成單位矩陣。請好好記起來！

另外

$n$ 次方陣 $\begin{pmatrix} a_{11} & a_{12} & \cdots & a_{1n} \\ a_{21} & a_{22} & \cdots & a_{2n} \\ \vdots & \vdots & \ddots & \vdots \\ a_{n1} & a_{n2} & \cdots & a_{nn} \end{pmatrix}$ 的反矩陣要寫成 $\begin{pmatrix} a_{11} & a_{12} & \cdots & a_{1n} \\ a_{21} & a_{22} & \cdots & a_{2n} \\ \vdots & \vdots & \ddots & \vdots \\ a_{n1} & a_{n2} & \cdots & a_{nn} \end{pmatrix}^{-1}$。

就是在右上
角加上負 1
次方吧。

實際上 $\begin{pmatrix} a_{11} & a_{12} \\ a_{21} & a_{22} \end{pmatrix}^{-1}$ ...

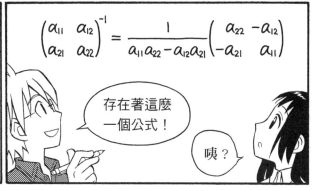

$$\begin{pmatrix} a_{11} & a_{12} \\ a_{21} & a_{22} \end{pmatrix}^{-1} = \frac{1}{a_{11}a_{22} - a_{12}a_{21}} \begin{pmatrix} a_{22} & -a_{12} \\ -a_{21} & a_{11} \end{pmatrix}$$

存在著這麼一個公式！

咦？

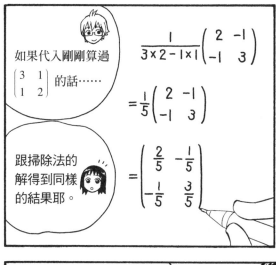

如果代入剛剛算過 $\begin{pmatrix} 3 & 1 \\ 1 & 2 \end{pmatrix}$ 的話……

$$\frac{1}{3 \times 2 - 1 \times 1} \begin{pmatrix} 2 & -1 \\ -1 & 3 \end{pmatrix}$$

$$= \frac{1}{5} \begin{pmatrix} 2 & -1 \\ -1 & 3 \end{pmatrix}$$

$$= \begin{pmatrix} \frac{2}{5} & -\frac{1}{5} \\ -\frac{1}{5} & \frac{3}{5} \end{pmatrix}$$

跟掃除法的解得到同樣的結果耶。

為什麼不一開始就先教這個公式呢？

這是因為呀，

這個公式只在二次方陣中存在，

考慮到三次以上的情況，還是先習慣做掃除法比較好唷。

嗯

原來是這樣啊。

接下來我們要講如何驗證有無反矩陣存在的方法。

有無……意思是說一個矩陣有可能沒有反矩陣嗎？

沒錯。妳來試著用剛剛的公式來求 $\begin{pmatrix} 3 & 6 \\ 1 & 2 \end{pmatrix}^{-1}$ 看看。

這個……

$$\begin{pmatrix} 3 & 6 \\ 1 & 2 \end{pmatrix}^{-1}$$

$$= \frac{1}{3 \times 2 - 6 \times 1} \begin{pmatrix} 2 & -6 \\ -1 & 3 \end{pmatrix}$$

真的耶，分母變成零，這樣就沒有解了呢！

另外存在反矩陣的 $n$ 次方陣稱為**非奇異矩陣**。

非奇異矩陣

$$\begin{pmatrix} 3 & 1 \\ 1 & 2 \end{pmatrix}\begin{pmatrix} \frac{2}{5} & -\frac{1}{5} \\ -\frac{1}{5} & \frac{3}{5} \end{pmatrix} = \begin{pmatrix} 1 & 0 \\ 0 & 1 \end{pmatrix}$$

奇異矩陣

$$\begin{pmatrix} 3 & 6 \\ 1 & 2 \end{pmatrix}$$

嗯。

而這個驗證有無的方式，

$$\det \begin{pmatrix} a_{11} & a_{12} & \cdots & a_{1n} \\ a_{21} & a_{22} & \cdots & a_{2n} \\ \vdots & \vdots & \ddots & \vdots \\ a_{n1} & a_{n2} & \cdots & a_{nn} \end{pmatrix}$$

可以用這個行列式當做指標。

也可以寫成

$$\begin{vmatrix} a_{11} & a_{12} & \cdots & a_{1n} \\ a_{21} & a_{22} & \cdots & a_{2n} \\ \vdots & \vdots & \ddots & \vdots \\ a_{n1} & a_{n2} & \cdots & a_{nn} \end{vmatrix}$$

det？

# determinant
# ＝
# 決定因素

是 determinant 的略稱。

**反矩陣存在的條件**

$$\det \begin{vmatrix} a_{11} & a_{12} & \cdots & a_{1n} \\ a_{21} & a_{22} & \cdots & a_{2n} \\ \vdots & \vdots & \ddots & \vdots \\ a_{n1} & a_{n2} & \cdots & a_{nn} \end{vmatrix} \neq 0 \quad \Leftrightarrow \quad \begin{pmatrix} a_{11} & a_{12} & \cdots & a_{1n} \\ a_{21} & a_{22} & \cdots & a_{2n} \\ \vdots & \vdots & \ddots & \vdots \\ a_{n1} & a_{n2} & \cdots & a_{nn} \end{pmatrix}^{-1} \quad 存在$$

只要行列式的值不為 0 的話，反矩陣就存在。

哦～

$n=2$

$\begin{pmatrix} a_{11} & a_{12} \\ a_{21} & a_{22} \end{pmatrix}$

$n=3$

$\begin{pmatrix} a_{11} & a_{12} & a_{13} \\ a_{21} & a_{22} & a_{23} \\ a_{31} & a_{32} & a_{33} \end{pmatrix}$

隨著 $n$ 的值不同，求行列式值的方式也不同。

我們就從二次方陣開始依序來做做看吧。

嗯。

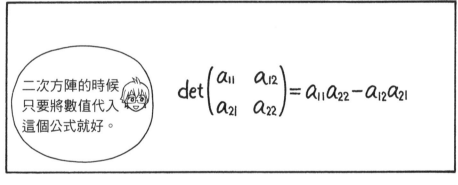

二次方陣的時候只要將數值代入這個公式就好。

$$\det\begin{pmatrix} a_{11} & a_{12} \\ a_{21} & a_{22} \end{pmatrix} = a_{11}a_{22} - a_{12}a_{21}$$

這是記憶這個公式的秘訣。

$$\det\begin{pmatrix} a_{11} & a_{12} \\ a_{21} & a_{22} \end{pmatrix}$$

① ＋ ② －

哇～

我們來驗證看看 $\begin{pmatrix} 3 & 0 \\ 0 & 2 \end{pmatrix}$ 的反矩陣存不存在吧！

$$\det \begin{pmatrix} 3 & 0 \\ 0 & 2 \end{pmatrix} = 3 \times 2 - 0 \times 0 = 6$$

$\det \begin{pmatrix} 3 & 0 \\ 0 & 2 \end{pmatrix} \neq 0$ 呢！

另外 $\det \begin{pmatrix} a_{11} & a_{12} \\ a_{21} & a_{22} \end{pmatrix}$ 的絕對值，是以

・原點 0
・點 $(a_{11}, a_{21})$
・點 $(a_{12}, a_{22})$
・點 $(a_{11} + a_{12}, a_{21} + a_{22})$

這四個點做為頂點的平行四邊形的面積相同。

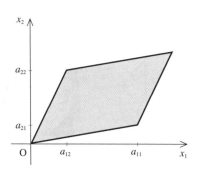

$\begin{pmatrix} 3 & 0 \\ 0 & 2 \end{pmatrix}$ 的時候是這個樣子。

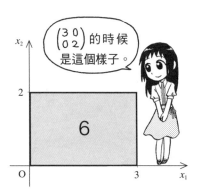

三次方陣時則請將
數值代入這個公式。

$$\det\begin{pmatrix} a_{11} & a_{12} & a_{13} \\ a_{21} & a_{22} & a_{23} \\ a_{31} & a_{32} & a_{33} \end{pmatrix} = a_{11}a_{22}a_{33} + a_{12}a_{23}a_{31} + a_{13}a_{21}a_{32} - a_{13}a_{22}a_{31} - a_{12}a_{21}a_{33} - a_{11}a_{23}a_{32}$$

看來
很不容易
記起來呀……

這個公式
也有記憶的
竅門。

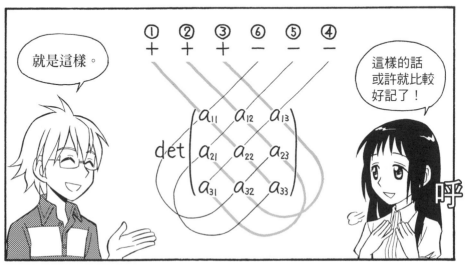

就是這樣。

這樣的話
或許就比較
好記了！

呼

那我們來檢驗一下 $\begin{pmatrix} 1 & 0 & 0 \\ 1 & 1 & -1 \\ -2 & 0 & 3 \end{pmatrix}$ 的反矩陣是否存在。

$$\det \begin{pmatrix} 1 & 0 & 0 \\ 1 & 1 & -1 \\ -2 & 0 & 3 \end{pmatrix} = 1\times1\times3+0\times(-1)\times(-2)+0\times1\times0-0\times1\times(-2)-0\times1\times3-1\times(-1)\times0$$

$$=3+0+0-0-0-0$$

$$=3$$

$$\det \begin{pmatrix} 1 & 0 & 0 \\ 1 & 1 & -1 \\ -2 & 0 & 3 \end{pmatrix} \neq 0 \text{ ，所以是存在的吧！}$$

另外 $\det \begin{pmatrix} a_{11} & a_{12} & a_{13} \\ a_{21} & a_{22} & a_{23} \\ a_{31} & a_{32} & a_{32} \end{pmatrix}$ 的絕對值，是以

· 原點 O
· 點 $(a_{11}, a_{21}, a_{31})$
· 點 $(a_{12}, a_{22}, a_{32})$
· 點 $(a_{13}, a_{23}, a_{33})$
· 點 $(a_{11}+a_{12}, a_{21}+a_{22}, a_{31}+a_{32})$
· 點 $(a_{11}+a_{13}, a_{21}+a_{23}, a_{31}+a_{33})$
· 點 $(a_{12}+a_{13}, a_{22}+a_{23}, a_{32}+a_{33})$
· 點 $(a_{11}+a_{12}+a_{13}, a_{21}+a_{22}+a_{23}, a_{31}+a_{32}+a_{33})$

這八個點做為頂點的**平行六面體**的體積相同。

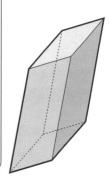

平行六面體
如右圖面對面的兩面平行，
而且是全等的平行四邊形的立體。

接下來是
四次方陣對吧？

沒錯。

呵
呵

應該又是要
用這個公式
吧？

不，很可惜，
四次以上的方陣
沒有公式存在。

嗶——
猜錯了。

咦？
那要怎麼求
行列式的值呢？

為了要知道它
的方法——

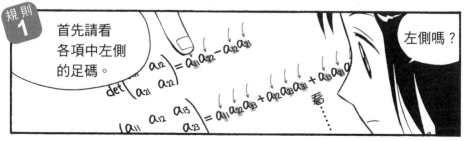

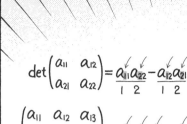

啊，全部都是從 1 開始往上算的整數呢！

$$\det\begin{pmatrix} a_{11} & a_{12} \\ a_{21} & a_{22} \end{pmatrix} = \underset{1\ 2}{a_{11}a_{22}} - \underset{1\ 2}{a_{12}a_{21}}$$

沒錯！

$$\det\begin{pmatrix} a_{11} & a_{12} & a_{13} \\ a_{21} & a_{22} & a_{23} \\ a_{31} & a_{32} & a_{33} \end{pmatrix} = \underset{1\ 2\ 3}{a_{11}a_{22}a_{33}} + \underset{1\ 2\ 3}{a_{12}a_{23}a_{31}} + \underset{1\ 2\ 3}{a_{13}a_{21}a_{32}} - \underset{1\ 2\ 3}{a_{13}a_{22}a_{31}} - \underset{1\ 2\ 3}{a_{12}a_{21}a_{33}} - \underset{1\ 2\ 3}{a_{11}a_{23}a_{32}}$$

**規則 2**

這就是規則1！

這次請仔細看右側的足碼。

嗯……好像每一項都沒什麼關係呢！

不對唷，右邊的足碼與排列的各種可能性一致，這是規則2。

啊，真的耶。

$$\underset{1\ 2}{a_{11}a_{22}} - \underset{2\ 1}{a_{12}a_{21}}$$

$$\underset{1\ 2\ 3}{a_{11}a_{22}a_{33}} + \underset{2\ 3\ 1}{a_{12}a_{23}a_{31}} + \underset{3\ 1\ 2}{a_{13}a_{21}a_{32}} - \underset{3\ 2\ 1}{a_{13}a_{22}a_{31}} - \underset{2\ 1\ 3}{a_{12}a_{21}a_{33}} - \underset{1\ 3\ 2}{a_{11}a_{23}a_{32}}$$

| 1～2 的排列 | | |
| --- | --- | --- |
| 可能性 1 | 1 | 2 |
| 可能性 2 | 2 | 1 |

| 1～3 的排列 | | | |
| --- | --- | --- | --- |
| 可能性 1 | 1 | 2 | 3 |
| 可能性 2 | 1 | 3 | 2 |
| 可能性 3 | 2 | 1 | 3 |
| 可能性 4 | 2 | 3 | 1 |
| 可能性 5 | 3 | 1 | 2 |
| 可能性 6 | 3 | 2 | 1 |

**規則 3**

第三條會有點麻煩，要留神唷。

難倒是不會難

好。

首先我們有這樣一個假設。

在各項中右側足碼的「本來面貌」是像

$$a_{?1}a_{?2}$$

$$a_{?1}a_{?2}a_{?3}$$

這樣。也就是說，「位在右邊的數字比較大」。

…？

接下來，我們要找出不符合這個假設，也就是「翻轉」這個本來面貌的地方……

翻轉　　　　　翻轉

$$-a_{12}a_{21}a_{33} - a_{11}a_{23}a_{32}$$

整理成這樣一張表。

哇。

| 可能性 | 1~2 的排列 | 對應於行列式的項 | 翻轉 | |
|---|---|---|---|---|
| 可能性 1 | 1　2 | $a_{11}a_{22}$ | | |
| 可能性 2 | 2　1 | $a_{12}a_{21}$ | | 2 與 1 |

| 可能性 | 1~3 的排列 | 對應於行列式的項 | 翻轉 | | |
|---|---|---|---|---|---|
| 可能性 1 | 1　2　3 | $a_{11}a_{22}a_{33}$ | | | |
| 可能性 2 | 1　3　2 | $a_{11}a_{23}a_{32}$ | | | 3 與 2 |
| 可能性 3 | 2　1　3 | $a_{12}a_{21}a_{33}$ | 2 與 1 | | |
| 可能性 4 | 2　3　1 | $a_{12}a_{23}a_{31}$ | 2 與 1 | 3 與 1 | |
| 可能性 5 | 3　1　2 | $a_{13}a_{21}a_{32}$ | | 3 與 1 | 3 與 2 |
| 可能性 6 | 3　2　1 | $a_{13}a_{22}a_{31}$ | 2 與 1 | 3 與 1 | 3 與 2 |

然後我們統計一下各項翻轉了多少次，

偶數次的話記為＋、奇數次的話記為 －……

| | 1~2 的排列 | 對應於行列式的項 | 翻轉 | | 翻轉的次數 | 正負號 |
|---|---|---|---|---|---|---|
| 可能性 1 | 1　2 | $a_{11}a_{22}$ | | | 0 | + |
| 可能性 2 | 2　1 | $a_{12}a_{21}$ | | 2 與 1 | 1 | − |

| | 1~3 的排列 | 對應於行列式的項 | 翻轉 | | | 翻轉的次數 | 正負號 |
|---|---|---|---|---|---|---|---|
| 可能性 1 | 1　2　3 | $a_{11}a_{22}a_{33}$ | | | | 0 | + |
| 可能性 2 | 1　3　2 | $a_{11}a_{23}a_{32}$ | | | 3 與 2 | 1 | − |
| 可能性 3 | 2　1　3 | $a_{12}a_{21}a_{33}$ | 2 與 1 | | | 1 | − |
| 可能性 4 | 2　3　1 | $a_{12}a_{23}a_{31}$ | 2 與 1 | 3 與 1 | | 2 | + |
| 可能性 5 | 3　1　2 | $a_{13}a_{21}a_{32}$ | | 3 與 1 | 3 與 2 | 2 | + |
| 可能性 6 | 3　2　1 | $a_{13}a_{22}a_{31}$ | 2 與 1 | 3 與 1 | 3 與 2 | 3 | − |

就變成這樣。

嗯～

請比較一下
「對應於行列式的項」與
「正負號」
兩列與剛才的公式。

啊！

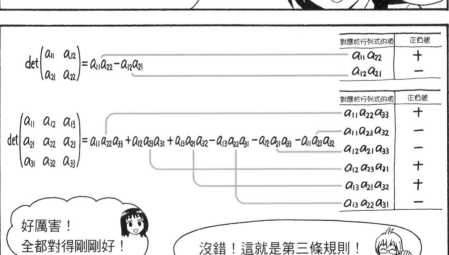

$$\det\begin{pmatrix} a_{11} & a_{12} \\ a_{21} & a_{22} \end{pmatrix} = a_{11}a_{22} - a_{12}a_{21}$$

| 對應於行列式的項 | 正負號 |
|---|---|
| $a_{11}a_{22}$ | + |
| $a_{12}a_{21}$ | − |

$$\det\begin{pmatrix} a_{11} & a_{12} & a_{13} \\ a_{21} & a_{22} & a_{23} \\ a_{31} & a_{32} & a_{33} \end{pmatrix} = a_{11}a_{22}a_{33} + a_{12}a_{23}a_{31} + a_{13}a_{21}a_{32} - a_{13}a_{22}a_{31} - a_{12}a_{21}a_{33} - a_{11}a_{23}a_{32}$$

| 對應於行列式的項 | 正負號 |
|---|---|
| $a_{11}a_{22}a_{33}$ | + |
| $a_{11}a_{23}a_{32}$ | − |
| $a_{12}a_{21}a_{33}$ | − |
| $a_{12}a_{23}a_{31}$ | + |
| $a_{13}a_{21}a_{32}$ | + |
| $a_{13}a_{22}a_{31}$ | − |

好厲害！
全都對得剛剛好！

沒錯！這就是第三條規則！

110

無論是多少次方的方陣都會符合這三條規則。

哇～～～

所以四次方陣的行列式值……

$$\det\begin{pmatrix} a_{11} & a_{12} & a_{13} & a_{14} \\ a_{21} & a_{22} & a_{23} & a_{24} \\ a_{31} & a_{32} & a_{33} & a_{34} \\ a_{41} & a_{42} & a_{43} & a_{44} \end{pmatrix} =$$

| | 1~4 的排列 | | | | 對應於行列式的項 | 翻轉 | | | | | | 翻轉的次數 | 正負號 |
|---|---|---|---|---|---|---|---|---|---|---|---|---|---|
| 可能性 1 | 1 | 2 | 3 | 4 | $a_{11}\,a_{22}\,a_{33}\,a_{44}$ | | | | | | | 0 | + |
| 可能性 2 | 1 | 2 | 4 | 3 | $a_{11}\,a_{22}\,a_{34}\,a_{43}$ | | | | | 4與3 | | 1 | − |
| 可能性 3 | 1 | 3 | 2 | 4 | $a_{11}\,a_{23}\,a_{32}\,a_{44}$ | | 3與2 | | | | | 1 | − |
| 可能性 4 | 1 | 3 | 4 | 2 | $a_{11}\,a_{23}\,a_{34}\,a_{42}$ | | 3與2 | | 4與2 | | | 2 | + |
| 可能性 5 | 1 | 4 | 2 | 3 | $a_{11}\,a_{24}\,a_{32}\,a_{43}$ | | | | 4與2 | 4與3 | | 2 | + |
| 可能性 6 | 1 | 4 | 3 | 2 | $a_{11}\,a_{24}\,a_{33}\,a_{42}$ | | 3與2 | | 4與2 | 4與3 | | 3 | − |
| 可能性 7 | 2 | 1 | 3 | 4 | $a_{12}\,a_{21}\,a_{33}\,a_{44}$ | 2與1 | | | | | | 1 | − |
| 可能性 8 | 2 | 1 | 4 | 3 | $a_{12}\,a_{21}\,a_{34}\,a_{43}$ | 2與1 | | | | 4與3 | | 2 | + |
| 可能性 9 | 2 | 3 | 1 | 4 | $a_{12}\,a_{23}\,a_{31}\,a_{44}$ | 2與1 | 3與1 | | | | | 2 | + |
| 可能性 10 | 2 | 3 | 4 | 1 | $a_{12}\,a_{23}\,a_{34}\,a_{41}$ | 2與1 | 3與1 | 4與1 | | | | 3 | − |
| 可能性 11 | 2 | 4 | 1 | 3 | $a_{12}\,a_{24}\,a_{31}\,a_{43}$ | 2與1 | | 4與1 | | 4與3 | | 3 | − |
| 可能性 12 | 2 | 4 | 3 | 1 | $a_{12}\,a_{24}\,a_{33}\,a_{41}$ | 2與1 | 3與1 | 4與1 | | 4與3 | | 4 | + |
| 可能性 13 | 3 | 1 | 2 | 4 | $a_{13}\,a_{21}\,a_{32}\,a_{44}$ | | 3與1 | 3與2 | | | | 2 | + |
| 可能性 14 | 3 | 1 | 4 | 2 | $a_{13}\,a_{21}\,a_{34}\,a_{42}$ | | 3與1 | 3與2 | 4與2 | | | 3 | − |
| 可能性 15 | 3 | 2 | 1 | 4 | $a_{13}\,a_{22}\,a_{31}\,a_{44}$ | 2與1 | 3與1 | 3與2 | | | | 3 | − |
| 可能性 16 | 3 | 2 | 4 | 1 | $a_{13}\,a_{22}\,a_{34}\,a_{41}$ | 2與1 | 3與1 | 3與2 | 4與1 | | | 4 | + |
| 可能性 17 | 3 | 4 | 1 | 2 | $a_{13}\,a_{24}\,a_{31}\,a_{42}$ | | 3與1 | 3與2 | 4與1 | 4與2 | | 4 | + |
| 可能性 18 | 3 | 4 | 2 | 1 | $a_{13}\,a_{24}\,a_{32}\,a_{41}$ | 2與1 | 3與1 | 3與2 | 4與1 | 4與2 | | 5 | − |
| 可能性 19 | 4 | 1 | 2 | 3 | $a_{14}\,a_{21}\,a_{32}\,a_{43}$ | | | 4與1 | 4與2 | 4與3 | | 3 | − |
| 可能性 20 | 4 | 1 | 3 | 2 | $a_{14}\,a_{21}\,a_{33}\,a_{42}$ | | 3與2 | 4與1 | 4與2 | 4與3 | | 4 | + |
| 可能性 21 | 4 | 2 | 1 | 3 | $a_{14}\,a_{22}\,a_{31}\,a_{43}$ | 2與1 | | 4與1 | 4與2 | 4與3 | | 4 | + |
| 可能性 22 | 4 | 2 | 3 | 1 | $a_{14}\,a_{22}\,a_{33}\,a_{41}$ | 2與1 | 3與1 | 4與1 | 4與2 | 4與3 | | 5 | − |
| 可能性 23 | 4 | 3 | 1 | 2 | $a_{14}\,a_{23}\,a_{31}\,a_{42}$ | | 3與1 | 3與2 | 4與1 | 4與2 | 4與3 | 5 | − |
| 可能性 24 | 4 | 3 | 2 | 1 | $a_{14}\,a_{23}\,a_{32}\,a_{41}$ | 2與1 | 3與1 | 3與2 | 4與1 | 4與2 | 4與3 | 6 | + |

利用這張表就可以求出來嚕！

哇啊～

這個要是考試考出來就麻煩了……

別怕啦，一般會出題的只有二次方陣和三次方陣而已。

呼

太好了～

講了這麼多，今天的課就上到這裡。

嗯，謝謝老師！

今天結束的有點早呀

……

好！

您的書要包上書套嗎？

現在回家有點晚了。

鏗

誰還沒走啊？

真永花道

# 5. 利用餘因子求反矩陣

如第 94 頁所述，反矩陣的求法有

· 利用餘因子的方法
· 掃除法

兩種。後者我們已經做過解說了。前者的計算非常麻煩、很不切實際，因此筆者並不怎麼喜歡。但許多書籍都會介紹這個方法，因此我們還是對它做個介紹。

爲了理解這個方法，我們需要有

· 第 ( $i,j$ ) 子行列式
· 第 ( $i,j$ ) 餘因子

的知識。我們先說明這兩者，再來說明這個方法。

## 5.1 第 ( $i,j$ ) 子行列式

**第 ( $i,j$ ) 子行列式**，就是指「將 $n$ 次方陣

$$\begin{pmatrix} a_{11} & a_{12} & \cdots & a_{1j} & \cdots & a_{1n} \\ a_{21} & a_{22} & \cdots & a_{2j} & \cdots & a_{2n} \\ \vdots & \vdots & \ddots & \vdots & & \vdots \\ a_{i1} & a_{i2} & \cdots & a_{ij} & \cdots & a_{in} \\ \vdots & \vdots & & \vdots & \ddots & \vdots \\ a_{n1} & a_{n2} & \cdots & a_{nj} & \cdots & a_{nn} \end{pmatrix}$$

的 $i$ 行與 $j$ 列省略後的矩陣」的行列式。

下頁的表整理出三次方陣 $\begin{pmatrix} 1 & 0 & 0 \\ 1 & 1 & -1 \\ -2 & 0 & 3 \end{pmatrix}$ 所有的第 ( $i,j$ ) 子行列式。

| • 第 (1, 1) 子行列式 | • 第 (1, 2) 子行列式 | • 第 (1, 3) 子行列式 |
|---|---|---|
| $\det \begin{pmatrix} 1 & -1 \\ 0 & 3 \end{pmatrix} = 3$ | $\det \begin{pmatrix} 1 & -1 \\ -2 & 3 \end{pmatrix} = 1$ | $\det \begin{pmatrix} 1 & 1 \\ -2 & 0 \end{pmatrix} = 2$ |
| • 第 (2, 1) 子行列式 | • 第 (2, 2) 子行列式 | • 第 (2, 3) 子行列式 |
| $\det \begin{pmatrix} 0 & 0 \\ 0 & 3 \end{pmatrix} = 0$ | $\det \begin{pmatrix} 1 & 0 \\ -2 & 3 \end{pmatrix} = 3$ | $\det \begin{pmatrix} 1 & 0 \\ -2 & 0 \end{pmatrix} = 0$ |
| • 第 (3, 1) 子行列式 | • 第 (3, 2) 子行列式 | • 第 (3, 3) 子行列式 |
| $\det \begin{pmatrix} 0 & 0 \\ 1 & -1 \end{pmatrix} = 0$ | $\det \begin{pmatrix} 1 & 0 \\ 1 & -1 \end{pmatrix} = -1$ | $\det \begin{pmatrix} 1 & 0 \\ 1 & 1 \end{pmatrix} = 1$ |

## 5.2 第 ($i, j$) 餘因子

第 ($i, j$) 餘因子，就是指將第 ($i, j$) 子行列式乘以 $(-1)^{i+j}$ 得到的結果。記法如 $A_{ij}$。

下表整理出三次方陣 $\begin{pmatrix} 1 & 0 & 0 \\ 1 & 1 & -1 \\ -2 & 0 & 3 \end{pmatrix}$ 所有的第 ($i, j$) 餘因子。

| • 第 (1, 1) 餘因子 | • 第 (1, 2) 餘因子 | • 第 (1, 3) 餘因子 |
|---|---|---|
| $A_{11} = (-1)^{1+1} \det \begin{pmatrix} 1 & -1 \\ 0 & 3 \end{pmatrix}$ $= 1 \times 3$ $= 3$ | $A_{12} = (-1)^{1+2} \det \begin{pmatrix} 1 & -1 \\ -2 & 3 \end{pmatrix}$ $= (-1) \times 1$ $= -1$ | $A_{13} = (-1)^{1+3} \det \begin{pmatrix} 1 & 1 \\ -2 & 0 \end{pmatrix}$ $= 1 \times 2$ $= 2$ |
| • 第 (2, 1) 餘因子 | • 第 (2, 2) 餘因子 | • 第 (2, 3) 餘因子 |
| $A_{21} = (-1)^{2+1} \det \begin{pmatrix} 0 & 0 \\ 0 & 3 \end{pmatrix}$ $= (-1) \times 0$ $= 0$ | $A_{22} = (-1)^{2+2} \det \begin{pmatrix} 1 & 0 \\ -2 & 3 \end{pmatrix}$ $= 1 \times 3$ $= 3$ | $A_{23} = (-1)^{2+3} \det \begin{pmatrix} 1 & 0 \\ -2 & 0 \end{pmatrix}$ $= (-1) \times 0$ $= 0$ |
| • 第 (3, 1) 餘因子 | • 第 (3, 2) 餘因子 | • 第 (3, 3) 餘因子 |
| $A_{31} = (-1)^{3+1} \det \begin{pmatrix} 0 & 0 \\ 1 & -1 \end{pmatrix}$ $= 1 \times 0$ $= 0$ | $A_{32} = (-1)^{3+2} \det \begin{pmatrix} 1 & 0 \\ 1 & -1 \end{pmatrix}$ $= (-1) \times (-1)$ $= 1$ | $A_{33} = (-1)^{3+3} \det \begin{pmatrix} 1 & 0 \\ 1 & 1 \end{pmatrix}$ $= 1 \times 1$ $= 1$ |

$(i, j)$ 元素爲第 $(j, i)$ 餘因子[1]的 $n$ 次方陣 $\begin{pmatrix} A_{11} & A_{21} & \cdots & A_{n1} \\ A_{12} & A_{22} & \cdots & A_{n2} \\ \vdots & \vdots & \ddots & \vdots \\ A_{1n} & A_{2n} & \cdots & A_{nn} \end{pmatrix}$

稱爲餘因子矩陣。

$n$ 次方陣 $\begin{pmatrix} a_{11}A_{11} & a_{21}A_{21} & \cdots & a_{n1}A_{n1} \\ a_{12}A_{12} & a_{22}A_{22} & \cdots & a_{n2}A_{n2} \\ \vdots & \vdots & \ddots & \vdots \\ a_{1n}A_{1n} & a_{2n}A_{2n} & \cdots & a_{nn}A_{nn} \end{pmatrix}$ 中任何一行或列的和，都剛好會等

於原來的 $n$ 次方陣的行列式，也就是 $\det \begin{pmatrix} a_{11} & a_{12} & \cdots & a_{1n} \\ a_{21} & a_{22} & \cdots & a_{2n} \\ \vdots & \vdots & \ddots & \vdots \\ a_{n1} & a_{n2} & \cdots & a_{nn} \end{pmatrix}$。

---

1 這裡不要錯寫成「第 $(i, j)$ 餘因子」了，「第 $(j, i)$ 餘因子」才是對的。

### 5.3 利用餘因子求反矩陣

反矩陣可以利用

$$\begin{pmatrix} a_{11} & a_{12} & \cdots & a_{1n} \\ a_{21} & a_{22} & \cdots & a_{2n} \\ \vdots & \vdots & \ddots & \vdots \\ a_{n1} & a_{n2} & \cdots & a_{nn} \end{pmatrix}^{-1} = \frac{1}{\det \begin{pmatrix} a_{11} & a_{12} & \cdots & a_{1n} \\ a_{21} & a_{22} & \cdots & a_{2n} \\ \vdots & \vdots & \ddots & \vdots \\ a_{n1} & a_{n2} & \cdots & a_{nn} \end{pmatrix}} \begin{pmatrix} A_{11} & A_{21} & \cdots & A_{n1} \\ A_{12} & A_{22} & \cdots & A_{n2} \\ \vdots & \vdots & \ddots & \vdots \\ A_{1n} & A_{2n} & \cdots & A_{nn} \end{pmatrix}$$

這個公式求出來。

例如說三次方陣 $\begin{pmatrix} 1 & 0 & 0 \\ 1 & 1 & -1 \\ -2 & 0 & 3 \end{pmatrix}$ 的反矩陣，就是

$$\begin{pmatrix} 1 & 0 & 0 \\ 1 & 1 & -1 \\ -2 & 0 & 3 \end{pmatrix}^{-1} = \frac{1}{\det \begin{pmatrix} 1 & 0 & 0 \\ 1 & 1 & -1 \\ -2 & 0 & 3 \end{pmatrix}} \begin{pmatrix} 3 & 0 & 0 \\ -1 & 3 & 1 \\ 2 & 0 & 1 \end{pmatrix} = \frac{1}{3} \begin{pmatrix} 3 & 0 & 0 \\ -1 & 3 & 1 \\ 2 & 0 & 1 \end{pmatrix}$$

# 6. 用克拉瑪公式解一次聯立方程式

能夠解一次聯立方程式的方法，除了 95 頁介紹的掃除法外，還有「利用**克拉瑪公式**的方法」。克拉瑪公式又稱為**克萊姆法則**。

很可惜，克拉瑪公式雖然有個「公式」的名稱，但不是代入數值就可以馬上求解的式子。趁此機會我們也一併介紹它。

**? 問題** 請利用克拉瑪公式解出下列一次聯立方程式：

$$\begin{cases} 3x_1 + 1x_2 = 1 \\ 1x_1 + 2x_2 = 0 \end{cases}$$

**! 解答**

| | | |
|---|---|---|
| Step1 | 將一次聯立方程式從<br><br>$$\begin{cases} a_{11}x_1 + a_{12}x_2 + \cdots + a_{1n}x_n = b_1 \\ a_{21}x_1 + a_{22}x_2 + \cdots + a_{2n}x_n = b_2 \\ \cdots\cdots\cdots\cdots\cdots\cdots\cdots \\ a_{n1}x_1 + a_{n2}x_2 + \cdots + a_{nn}x_n = b_n \end{cases}$$<br><br>**改換成以下型態**<br><br>$$\begin{pmatrix} a_{11} & a_{12} & \cdots & a_{1n} \\ a_{21} & a_{22} & \cdots & a_{2n} \\ \vdots & \vdots & \ddots & \vdots \\ a_{n1} & a_{n2} & \cdots & a_{nn} \end{pmatrix} \begin{pmatrix} x_1 \\ x_2 \\ \vdots \\ x_n \end{pmatrix} = \begin{pmatrix} b_1 \\ b_2 \\ \vdots \\ b_n \end{pmatrix}$$ | $$\begin{cases} 3x_1 + 1x_2 = 1 \\ 1x_1 + 2x_2 = 0 \end{cases}$$ 改寫成<br><br>$$\begin{pmatrix} 3 & 1 \\ 1 & 2 \end{pmatrix} \begin{pmatrix} x_1 \\ x_2 \end{pmatrix} = \begin{pmatrix} 1 \\ 0 \end{pmatrix}$$ | |
| Step2 | 驗證是否<br><br>$$\det \begin{pmatrix} a_{11} & a_{12} & \cdots & a_{1n} \\ a_{21} & a_{22} & \cdots & a_{2n} \\ \vdots & \vdots & \ddots & \vdots \\ a_{n1} & a_{n2} & \cdots & a_{nn} \end{pmatrix} \neq 0$$ | $$\det \begin{pmatrix} 3 & 1 \\ 1 & 2 \end{pmatrix} = 3 \times 2 - 1 \times 1 \neq 0$$ | |
| Step3 | 將數值代入下列**克拉瑪公式**來求解。<br><br>第 $i$ 行<br><br>$$x_i = \frac{\det \begin{pmatrix} a_{11} & a_{12} & \cdots & b_1 & \cdots & a_{1n} \\ a_{21} & a_{22} & \cdots & b_2 & \cdots & a_{2n} \\ \vdots & \vdots & & \vdots & & \vdots \\ a_{n1} & a_{n2} & \cdots & b_n & \cdots & a_{nn} \end{pmatrix}}{\det \begin{pmatrix} a_{11} & a_{12} & \cdots & a_{1i} & \cdots & a_{1n} \\ a_{21} & a_{22} & \cdots & a_{2i} & \cdots & a_{2n} \\ \vdots & \vdots & & \vdots & & \vdots \\ a_{n1} & a_{n2} & \cdots & a_{ni} & \cdots & a_{nn} \end{pmatrix}}$$ | $$\cdot x_1 = \frac{\det \begin{pmatrix} 1 & 1 \\ 0 & 2 \end{pmatrix}}{\det \begin{pmatrix} 3 & 1 \\ 1 & 2 \end{pmatrix}} = \frac{1 \times 2 - 1 \times 0}{5} = \frac{2}{5}$$<br><br>$$\cdot x_2 = \frac{\det \begin{pmatrix} 3 & 1 \\ 1 & 0 \end{pmatrix}}{\det \begin{pmatrix} 3 & 1 \\ 1 & 2 \end{pmatrix}} = \frac{3 \times 0 - 1 \times 1}{5} = -\frac{1}{5}$$ | |

第 **5** 章

向量

我還可以踢!

你不是都已經軟腿了嗎?

踢

嗚哇!

請讓我再踢一次!

還沒⋯⋯
我一點都沒有
真的變強!

呼

好!
那就來吧!

謝學長!
請多指教!

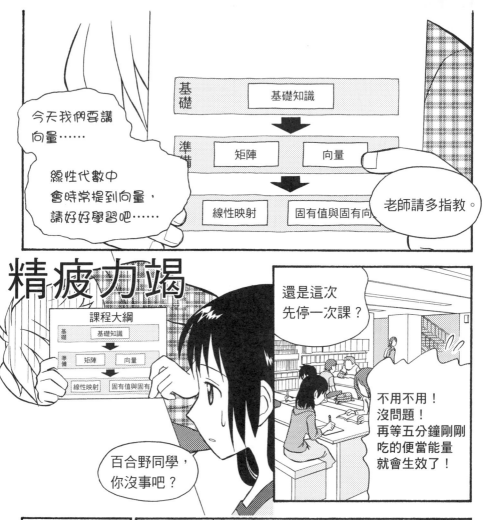

今天我們要講
向量……

線性代數中
會時常提到向量，
請好好學習吧……

| 基礎 | 基礎知識 | |
|---|---|---|
| 準備 | 矩陣 | 向量 |
| | 線性映射 | 固有值與固有向 |

老師請多指教。

精疲力竭

課程大綱

| 基礎 | 基礎知識 | |
|---|---|---|
| 準備 | 矩陣 | 向量 |
| | 線性映射 | 固有值與固有 |

還是這次
先停一次課？

不用不用！
沒問題！
再等五分鐘剛剛
吃的便當能量
就會生效了！

百合野同學，
你沒事吧？

## 1. 向量

五分鐘後

抱歉抱歉！
那我們繼續
開始講課。

復活

向量，

就是用某些
特殊說法來
解釋的矩陣。

解釋？

是怎麼樣的解釋呢？

要用一句話來說明並不容易……

我們就以高爾夫球推桿為例來解釋吧！

高爾夫球推桿？

就是把球從起點打到球洞。

哇，好像很好玩。

起點

場地是像這樣子。

為了解說方便，各個位置都用座標來表示。

所以起點就是（0,0），球洞就在（7,4）嘍。

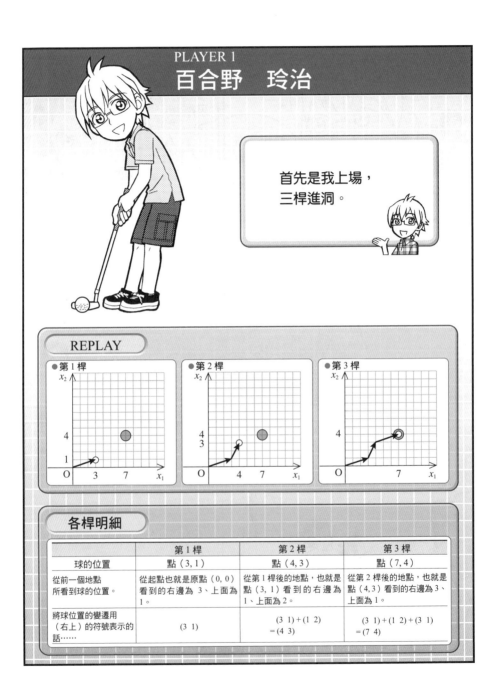

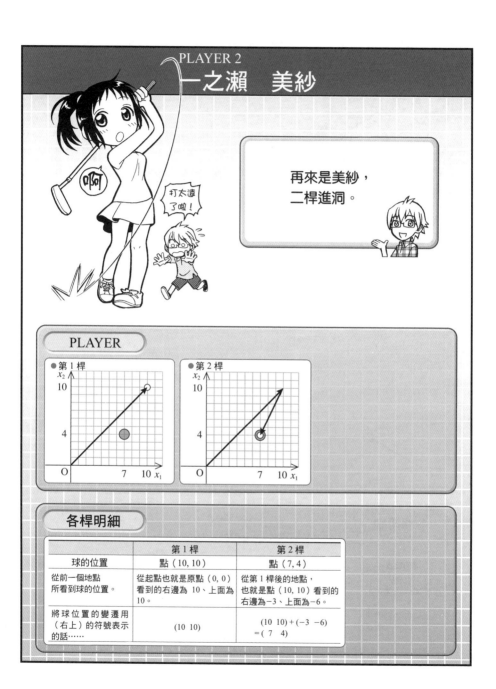

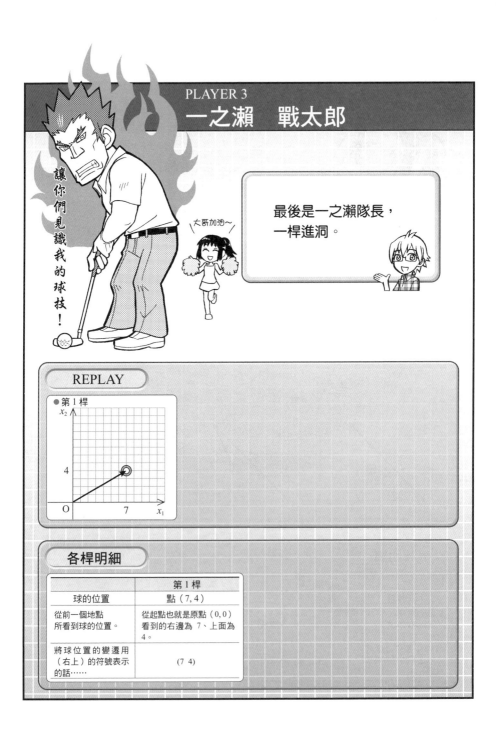

三個人都把球打進球洞了耶。

$1 \times n$ 矩陣 $(a_1 \ a_2 \ \cdots \ a_n)$ 或者 $n \times 1$ 矩陣 $\begin{pmatrix} a_1 \\ a_2 \\ \vdots \\ a_n \end{pmatrix}$

$n$?

我們就用這些高爾夫球推桿的例子來做說明。

向量就是可以用接下來所講的四種說法來解釋的矩陣。

我們就用 $1 \times 2$ 矩陣$(7 \ 4)$ 與 $2 \times 1$ 矩陣$\begin{pmatrix} 7 \\ 4 \end{pmatrix}$ 來說明。

嗯。

■ 解釋 1

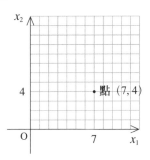

在某些場合，(7 4)與 $\begin{pmatrix} 7 \\ 4 \end{pmatrix}$ 可以解釋為與點（7, 4）相等。

■ 解釋 2

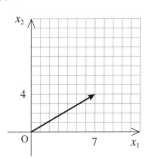

在某些場合，(7 4)與 $\begin{pmatrix} 7 \\ 4 \end{pmatrix}$ 可以解釋為「連結原點（0, 0）與點（7, 4）的箭頭」。

■ 解釋 3

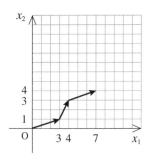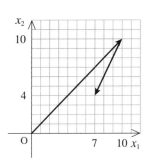

在某些場合，(7 4)與 $\begin{pmatrix} 7 \\ 4 \end{pmatrix}$ 可以解釋為像左圖這樣箭頭的加總。

■ 解釋 4

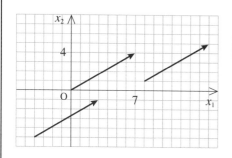

在某些場合，(7 4)與 $\begin{pmatrix} 7 \\ 4 \end{pmatrix}$ 可以解釋等同為左圖裡的各個箭頭。

前面大概都能懂，但只有最後一個解釋不太懂。

這每個箭頭的位置都不一樣，為什麼每一個都能等同於 (7 4)與 $\begin{pmatrix} 7 \\ 4 \end{pmatrix}$ 呢？

確實每個位置都不同，但是它們從底端到尖端都是向右移 7 向上移 4，所以各個箭頭都可以看做是一樣的。

啊，原來是要這樣看。

向量真是個
奇妙的概念呢。

嗯，雖然
我不是很清楚
是誰在什麼時候
想出來的，

但是……

不管來源如何，
向量在各種領域
都被廣泛使用著。

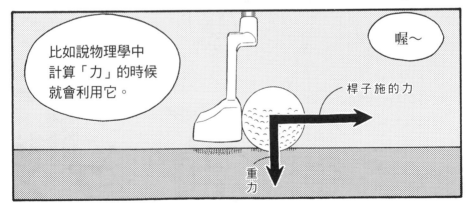

比如說物理學中
計算「力」的時候
就會利用它。

喔～

桿子施的力

重力

## 2. 向量的計算

雖然有這些特別的解釋，
但向量仍然是矩陣。

因此
向量的計算與矩陣
完全相同。

■ 和

$\cdot (10 \quad 10) + (-3 \quad -6) = (10 + (-3) \quad 10 + (-6)) = (7 \quad 4)$

$\cdot \begin{pmatrix} 10 \\ 10 \end{pmatrix} + \begin{pmatrix} -3 \\ -6 \end{pmatrix} = \begin{pmatrix} 10 + (-3) \\ 10 + (-6) \end{pmatrix} = \begin{pmatrix} 7 \\ 4 \end{pmatrix}$

■ 差

$\cdot (10 \quad 10) - (3 \quad 6) = (10 - 3 \quad 10 - 6) = (7 \quad 4)$

$\cdot \begin{pmatrix} 10 \\ 10 \end{pmatrix} - \begin{pmatrix} 3 \\ 6 \end{pmatrix} = \begin{pmatrix} 10 - 3 \\ 10 - 6 \end{pmatrix} = \begin{pmatrix} 7 \\ 4 \end{pmatrix}$

■ 純量倍數

$\cdot 2(3 \quad 1) = (2 \times 3 \quad 2 \times 1) = (6 \quad 2)$

$\cdot 2 \begin{pmatrix} 3 \\ 1 \end{pmatrix} = \begin{pmatrix} 2 \times 3 \\ 2 \times 1 \end{pmatrix} = \begin{pmatrix} 6 \\ 2 \end{pmatrix}$

■ 積

$\cdot \begin{pmatrix} 3 \\ 1 \end{pmatrix} (1 \quad 2) = \begin{pmatrix} 3 \times 1 & 3 \times 2 \\ 1 \times 1 & 1 \times 2 \end{pmatrix} = \begin{pmatrix} 3 & 6 \\ 1 & 2 \end{pmatrix}$

$\cdot (3 \quad 1) \begin{pmatrix} 1 \\ 2 \end{pmatrix} = (3 \times 1 + 1 \times 2) = (5)$

$\cdot \begin{pmatrix} 8 & -3 \\ 2 & 1 \end{pmatrix} \begin{pmatrix} 3 \\ 1 \end{pmatrix} = \begin{pmatrix} 8 \times 3 + (-3) \times 1 \\ 2 \times 3 + \ 1 \times 1 \end{pmatrix} = \begin{pmatrix} 21 \\ 7 \end{pmatrix} = 7 \begin{pmatrix} 3 \\ 1 \end{pmatrix}$

嗯嗯！

另外這種
橫向類型的向量
稱為**列向量**。

$$(a_1 \ a_2 \ \cdots \ a_n)$$

縱向類型的向量
則稱為**行向量**。

$$\begin{pmatrix} a_1 \\ a_2 \\ \vdots \\ a_n \end{pmatrix}$$

是。

而由全部 $n \times 1$ 向量所構成的集合
我們寫做 $R^n$。

嗯～

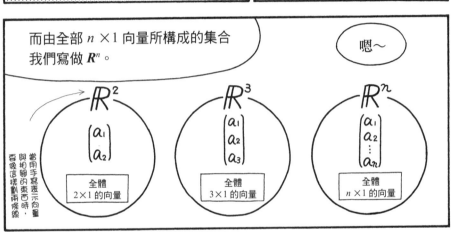

當用手寫表示向量
與矩陣的東西時，
要像這樣劃兩條線。

$R^n$
在線性代數中
常常會出現，
要好好記得唷。

好。

# 3. 運用向量的表示法

接下來要教
如何用向量來表示
直線與空間等等。

這些表示法都滿
獨特的，要慢慢
習慣它們唷。

嗯……

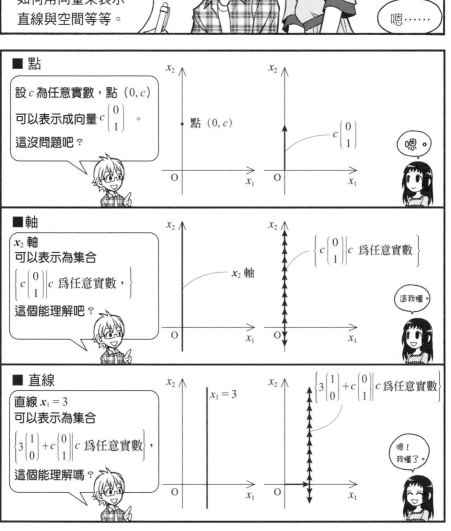

**■ 點**

設 $c$ 為任意實數，點 $(0, c)$ 可以表示成向量 $c \begin{bmatrix} 0 \\ 1 \end{bmatrix}$。這沒問題吧？

點 $(0, c)$

$c \begin{bmatrix} 0 \\ 1 \end{bmatrix}$

嗯。

**■ 軸**

$x_2$ 軸
可以表示為集合
$\left\{ c \begin{bmatrix} 0 \\ 1 \end{bmatrix} \middle| c \text{ 為任意實數,} \right\}$
這個能理解吧？

$x_2$ 軸

$\left\{ c \begin{bmatrix} 0 \\ 1 \end{bmatrix} \middle| c \text{ 為任意實數} \right\}$

這我懂。

**■ 直線**

直線 $x_1 = 3$
可以表示為集合
$\left\{ 3 \begin{bmatrix} 1 \\ 0 \end{bmatrix} + c \begin{bmatrix} 0 \\ 1 \end{bmatrix} \middle| c \text{ 為任意實數,} \right\}$
這個能理解嗎？

$x_1 = 3$

$\left\{ 3 \begin{bmatrix} 1 \\ 0 \end{bmatrix} + c \begin{bmatrix} 0 \\ 1 \end{bmatrix} \middle| c \text{ 為任意實數} \right\}$

嗯！
我懂了。

平面 $x_1 x_2$ 可以表示為集合 $\left\{ c_1 \begin{pmatrix} 1 \\ 0 \end{pmatrix} + c_2 \begin{pmatrix} 0 \\ 1 \end{pmatrix} \middle| c_1 \text{ 與 } c_2 \text{ 為任意實數} \right\}$，

其實就是 $R^2$。這沒問題吧？

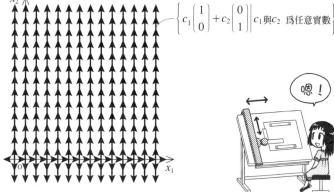

$\left\{ c_1 \begin{pmatrix} 1 \\ 0 \end{pmatrix} + c_2 \begin{pmatrix} 0 \\ 1 \end{pmatrix} \middle| c_1 \text{ 與 } c_2 \text{ 為任意實數} \right\}$

嗯！

■ 平面第 2 種

平面 $x_1 x_2$ 可以表示為集合 $\left\{ c_1 \begin{pmatrix} 3 \\ 1 \end{pmatrix} + c_2 \begin{pmatrix} 1 \\ 2 \end{pmatrix} \middle| c_1 \text{ 與 } c_2 \text{ 為任意實數} \right\}$，

其實也還是 $R^2$。這也沒問題吧？

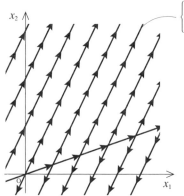

$\left\{ c_1 \begin{pmatrix} 3 \\ 1 \end{pmatrix} + c_2 \begin{pmatrix} 1 \\ 2 \end{pmatrix} \middle| c_1 \text{ 與 } c_2 \text{ 為任意實數} \right\}$

我知道，它的形狀就像一個傾斜的製圖板。

## ■ 空間第 1 種

空間 $x_1\,x_2\,x_3$ 可以表示為集合 $\left\{ c_1\begin{pmatrix}1\\0\\0\end{pmatrix} + c_2\begin{pmatrix}0\\1\\0\end{pmatrix} + c_3\begin{pmatrix}0\\0\\1\end{pmatrix} \,\middle|\, c_1 與 c_2 與 c_3 為任意實數 \right\}$，

也就是 $R^3$。這能理解嗎？

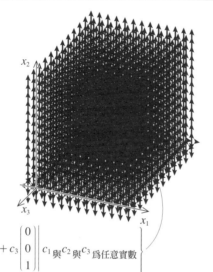

嗯，沒問題。

$$\left\{ c_1\begin{pmatrix}1\\0\\0\end{pmatrix} + c_2\begin{pmatrix}0\\1\\0\end{pmatrix} + c_3\begin{pmatrix}0\\0\\1\end{pmatrix} \,\middle|\, c_1 與 c_2 與 c_3 為任意實數 \right\}$$

## ■ 空間第 2 種

空間 $x_1\,x_2\cdots x_n$ 可以表示為

集合 $\left\{ c_1\begin{pmatrix}1\\0\\\vdots\\0\end{pmatrix} + c_2\begin{pmatrix}0\\1\\\vdots\\0\end{pmatrix} + \cdots + c_n\begin{pmatrix}0\\0\\\vdots\\1\end{pmatrix} \,\middle|\, c_1 與 c_2 與 \cdots 與 c_n 均為任意實數 \right\}$，

而這也就是 $R^n$。妳明白了嗎？

具體形狀不太能想像，但算是可以理解啦。

呼～
我有點累了。

我們等一下
再繼續講，
這裡先休息
一下吧。

我贊成。

對了，
百合野同學，

你為什麼會想
加入空手道社呢？

呃、
這個……

沒什麼
特別的理由
啦。

啊，
那我們
就繼續
講下去嘍！

?

咦？

第 **6** 章

# 向量（續）

**1.** 線性獨立
**2.** 基底
**3.** 維度
**4.** 座標

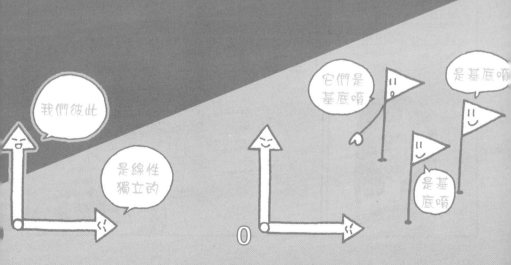

接下來
我們要講解
線性獨立與基底。

是。

這兩者滿像的，
小心不要搞混嘍。

仔細看下去。

老師請說。

## 1. 線性獨立

接下來
我出三個問題，
請把它們解出來。

好。

? 問題 1

請求出滿足下列式子的 $c_1$ 與 $c_2$。

$$\begin{pmatrix} 0 \\ 0 \end{pmatrix} = c_1 \begin{pmatrix} 1 \\ 0 \end{pmatrix} + c_2 \begin{pmatrix} 0 \\ 1 \end{pmatrix}$$

這是第一題。

這題很簡單。

答案是 $\begin{cases} c_1 = 0 \\ c_2 = 0 \end{cases}$ ！

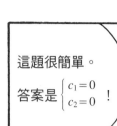

答對了！

?問題 2

請求出滿足下列式子的 $c_1$ 與 $c_2$。

$$\begin{pmatrix} 0 \\ 0 \end{pmatrix} = c_1 \begin{pmatrix} 3 \\ 1 \end{pmatrix} + c_2 \begin{pmatrix} 1 \\ 2 \end{pmatrix}$$

這也很簡單嘛。

答案是 $\begin{cases} c_1 = 0 \\ c_2 = 0 \end{cases}$ 對吧？

再來是
第二題。

答對了！

?問題 3

請求出滿足下列式子的 $c_1$、$c_2$、$c_3$ 與 $c_4$。

$$\begin{pmatrix} 0 \\ 0 \end{pmatrix} = c_1 \begin{pmatrix} 1 \\ 0 \end{pmatrix} + c_2 \begin{pmatrix} 0 \\ 1 \end{pmatrix} + c_3 \begin{pmatrix} 3 \\ 1 \end{pmatrix} + c_4 \begin{pmatrix} 1 \\ 2 \end{pmatrix}$$

好，
這是最後一題。

……

這題答案
也是

$$\begin{cases} c_1 = 0 \\ c_2 = 0 \\ c_3 = 0 \\ c_4 = 0 \end{cases}$$

稍等一下！

?

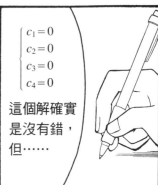

$$\begin{cases} c_1 = 0 \\ c_2 = 0 \\ c_3 = 0 \\ c_4 = 0 \end{cases}$$

這個解確實
是沒有錯，
但……

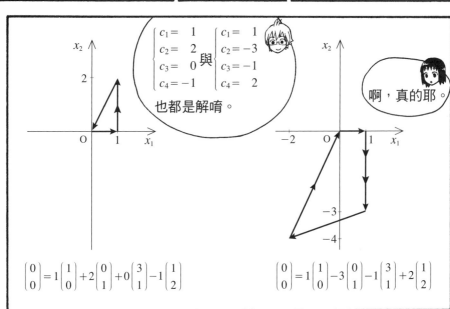

$$\begin{cases} c_1 = & 1 \\ c_2 = & 2 \\ c_3 = & 0 \\ c_4 = & -1 \end{cases} \quad 與 \quad \begin{cases} c_1 = & 1 \\ c_2 = & -3 \\ c_3 = & -1 \\ c_4 = & 2 \end{cases}$$

也都是解唷。

啊，真的耶。

$$\begin{bmatrix} 0 \\ 0 \end{bmatrix} = 1\begin{bmatrix} 1 \\ 0 \end{bmatrix} + 2\begin{bmatrix} 0 \\ 1 \end{bmatrix} + 0\begin{bmatrix} 3 \\ 1 \end{bmatrix} - 1\begin{bmatrix} 1 \\ 2 \end{bmatrix}$$

$$\begin{bmatrix} 0 \\ 0 \end{bmatrix} = 1\begin{bmatrix} 1 \\ 0 \end{bmatrix} - 3\begin{bmatrix} 0 \\ 1 \end{bmatrix} - 1\begin{bmatrix} 3 \\ 1 \end{bmatrix} + 2\begin{bmatrix} 1 \\ 2 \end{bmatrix}$$

這就進入
我們的主題了。

像問題 1 與問題 2 這樣，

$$\begin{pmatrix}0\\0\\\vdots\\0\end{pmatrix} = c_1\begin{pmatrix}a_{11}\\a_{21}\\\vdots\\a_{m1}\end{pmatrix} + c_2\begin{pmatrix}a_{12}\\a_{22}\\\vdots\\a_{m2}\end{pmatrix} + \cdots + c_n\begin{pmatrix}a_{1n}\\a_{2n}\\\vdots\\a_{mn}\end{pmatrix}$$

的解只有 $\begin{cases}c_1=0\\c_2=0\\\quad\vdots\\c_n=0\end{cases}$ 一組存在時，

而如問題 3 那樣，除了 $\begin{cases}c_1=0\\c_2=0\\\quad\vdots\\c_n=0\end{cases}$ 之外還有其他解的話，

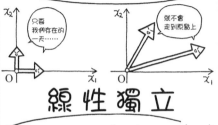

線性獨立

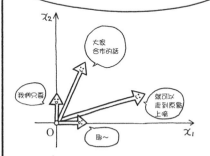

線性相關

我們可以說「向量 $\begin{pmatrix}a_{11}\\a_{21}\\\vdots\\a_{m1}\end{pmatrix}$、向量 $\begin{pmatrix}a_{12}\\a_{22}\\\vdots\\a_{m2}\end{pmatrix}$ …及向量 $\begin{pmatrix}a_{1n}\\a_{2n}\\\vdots\\a_{mn}\end{pmatrix}$ 為**線性獨立**」。

我們就說「向量 $\begin{pmatrix}a_{11}\\a_{21}\\\vdots\\a_{m1}\end{pmatrix}$、向量 $\begin{pmatrix}a_{12}\\a_{22}\\\vdots\\a_{m2}\end{pmatrix}$ …及向量 $\begin{pmatrix}a_{1n}\\a_{2n}\\\vdots\\a_{mn}\end{pmatrix}$ 為**線性相關**」。

另外線性獨立又稱為**一次獨立**，

線性相關又稱為**一次相關**。

嗯～

我們舉幾個線性獨立與線性相關的例子。
首先是線性獨立的例子。

例1

向量 $\begin{pmatrix} 1 \\ 0 \\ 0 \end{pmatrix}$ 與向量 $\begin{pmatrix} 0 \\ 1 \\ 0 \end{pmatrix}$ 與向量 $\begin{pmatrix} 0 \\ 0 \\ 1 \end{pmatrix}$，

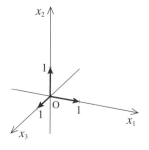

由於 $\begin{pmatrix} 0 \\ 0 \\ 0 \end{pmatrix} = c_1 \begin{pmatrix} 1 \\ 0 \\ 0 \end{pmatrix} + c_2 \begin{pmatrix} 0 \\ 1 \\ 0 \end{pmatrix} + c_3 \begin{pmatrix} 0 \\ 0 \\ 1 \end{pmatrix}$ 的解只有 $\begin{cases} c_1 = 0 \\ c_2 = 0 \\ c_3 = 0 \end{cases}$ 一個，因此為線性獨立。

例 2

向量 $\begin{pmatrix} 1 \\ 0 \\ 0 \end{pmatrix}$ 與向量 $\begin{pmatrix} 0 \\ 1 \\ 0 \end{pmatrix}$，

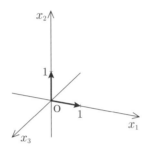

由於 $\begin{pmatrix} 0 \\ 0 \\ 0 \end{pmatrix} = c_1 \begin{pmatrix} 1 \\ 0 \\ 0 \end{pmatrix} + c_2 \begin{pmatrix} 0 \\ 1 \\ 0 \end{pmatrix}$ 的解只有 $\begin{cases} c_1 = 0 \\ c_2 = 0 \end{cases}$ 一個，因此為線性獨立。

哇～
原來這也
一樣啊。

再來是線性相關的例子。

例 1

向量 $\begin{pmatrix} 1 \\ 0 \\ 0 \end{pmatrix}$ 與向量 $\begin{pmatrix} 0 \\ 1 \\ 0 \end{pmatrix}$ 與向量 $\begin{pmatrix} 3 \\ 1 \\ 0 \end{pmatrix}$，

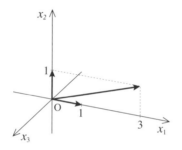

由於 $\begin{pmatrix} 0 \\ 0 \\ 0 \end{pmatrix} = c_1 \begin{pmatrix} 1 \\ 0 \\ 0 \end{pmatrix} + c_2 \begin{pmatrix} 0 \\ 1 \\ 0 \end{pmatrix} + c_3 \begin{pmatrix} 3 \\ 1 \\ 0 \end{pmatrix}$ 的解除了 $\begin{cases} c_1 = 0 \\ c_2 = 0 \\ c_3 = 0 \end{cases}$ 以外還有 $\begin{cases} c_1 = 3 \\ c_2 = 1 \\ c_3 = -1 \end{cases}$ 等其他解，

因此為線性相關。

例 2

向量 $\begin{pmatrix} 1 \\ 0 \\ 0 \end{pmatrix}$ 與向量 $\begin{pmatrix} 0 \\ 1 \\ 0 \end{pmatrix}$ 與向量 $\begin{pmatrix} 0 \\ 0 \\ 1 \end{pmatrix}$ 以及向量 $\begin{pmatrix} a_1 \\ a_2 \\ a_3 \end{pmatrix}$，

由於 $\begin{pmatrix} 0 \\ 0 \\ 0 \end{pmatrix} = c_1 \begin{pmatrix} 1 \\ 0 \\ 0 \end{pmatrix} + c_2 \begin{pmatrix} 0 \\ 1 \\ 0 \end{pmatrix} + c_3 \begin{pmatrix} 0 \\ 0 \\ 1 \end{pmatrix} + c_4 \begin{pmatrix} a_1 \\ a_2 \\ a_3 \end{pmatrix}$ 的解

除了 $\begin{cases} c_1 = 0 \\ c_2 = 0 \\ c_3 = 0 \\ c_4 = 0 \end{cases}$ 以外還有 $\begin{cases} c_1 = a_1 \\ c_2 = a_2 \\ c_3 = a_3 \\ c_4 = -1 \end{cases}$ 等其他解存在，因此為線性相關。同樣的，

向量 $\begin{pmatrix} 1 \\ 0 \\ \vdots \\ 0 \end{pmatrix}$、向量 $\begin{pmatrix} 0 \\ 1 \\ \vdots \\ 0 \end{pmatrix}$、向量 $\begin{pmatrix} 0 \\ 0 \\ \vdots \\ 1 \end{pmatrix}$ …與向量 $\begin{pmatrix} a_1 \\ a_2 \\ \vdots \\ a_m \end{pmatrix}$，

由於 $\begin{pmatrix} 0 \\ 0 \\ \vdots \\ 0 \end{pmatrix} = c_1 \begin{pmatrix} 1 \\ 0 \\ \vdots \\ 0 \end{pmatrix} + c_2 \begin{pmatrix} 0 \\ 1 \\ \vdots \\ 0 \end{pmatrix} + \cdots + c_m \begin{pmatrix} 0 \\ 0 \\ \vdots \\ 1 \end{pmatrix} + c_{m+1} \begin{pmatrix} a_1 \\ a_2 \\ \vdots \\ a_m \end{pmatrix}$ 的解

除了 $\begin{cases} c_1 = 0 \\ c_2 = 0 \\ \quad \vdots \\ c_m = 0 \\ c_{m+1} = 0 \end{cases}$ 以外，還有 $\begin{cases} c_1 = a_1 \\ c_2 = a_2 \\ \quad \vdots \\ c_m = a_m \\ c_{m+1} = -1 \end{cases}$ 等其他解存在，因此為線性相關。

## 2. 基底

我再出三道題目考妳。

好。

這是第一題。

跟剛剛的問題好像唷。

**？問題** 4

請求出滿足下列式子的 $c_1$ 與 $c_2$。

$$\begin{pmatrix} 7 \\ 4 \end{pmatrix} = c_1 \begin{pmatrix} 1 \\ 0 \end{pmatrix} + c_2 \begin{pmatrix} 0 \\ 1 \end{pmatrix}$$

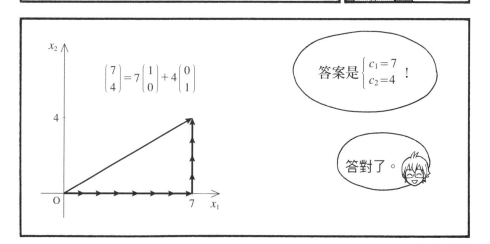

$$\begin{pmatrix} 7 \\ 4 \end{pmatrix} = 7 \begin{pmatrix} 1 \\ 0 \end{pmatrix} + 4 \begin{pmatrix} 0 \\ 1 \end{pmatrix}$$

答案是 $\begin{cases} c_1 = 7 \\ c_2 = 4 \end{cases}$ ！

答對了。

呃，
這個嘛……

這是第二題。

?問題5

請求出滿足下列式子的 $c_1$ 與 $c_2$。

$$\begin{pmatrix} 7 \\ 4 \end{pmatrix} = c_1 \begin{pmatrix} 3 \\ 1 \end{pmatrix} + c_2 \begin{pmatrix} 1 \\ 2 \end{pmatrix}$$

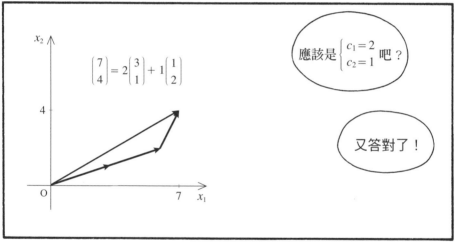

$$\begin{pmatrix} 7 \\ 4 \end{pmatrix} = 2 \begin{pmatrix} 3 \\ 1 \end{pmatrix} + 1 \begin{pmatrix} 1 \\ 2 \end{pmatrix}$$

$x_2$

4

O

7　$x_1$

應該是 $\begin{cases} c_1 = 2 \\ c_2 = 1 \end{cases}$ 吧？

又答對了！

妳越來越
厲害了唷。

這種程度的
我馬上就知道了。

好，那這是
最後一題。

我懂了！這題的解
一定有很多個，對吧？

嗯～

猜對了！

**?問題 6**

請求出滿足下列式子的 $c_1$、$c_2$、$c_3$ 與 $c_4$。

$$\begin{pmatrix} 7 \\ 4 \end{pmatrix} = c_1 \begin{pmatrix} 1 \\ 0 \end{pmatrix} + c_2 \begin{pmatrix} 0 \\ 1 \end{pmatrix} + c_3 \begin{pmatrix} 3 \\ 1 \end{pmatrix} + c_4 \begin{pmatrix} 1 \\ 2 \end{pmatrix}$$

可以是 $\begin{cases} c_1 = 7 \\ c_2 = 4 \\ c_3 = 0 \\ c_4 = 0 \end{cases}$ ，也可以是 $\begin{cases} c_1 = 0 \\ c_2 = 0 \\ c_3 = 2 \\ c_4 = 1 \end{cases}$ ，也可以是 $\begin{cases} c_1 = \phantom{-}5 \\ c_2 = -5 \\ c_3 = -1 \\ c_4 = \phantom{-}5 \end{cases}$ …

$$\begin{pmatrix} 7 \\ 4 \end{pmatrix} = 5\begin{pmatrix} 1 \\ 0 \end{pmatrix} - 5\begin{pmatrix} 0 \\ 1 \end{pmatrix} - 1\begin{pmatrix} 3 \\ 1 \end{pmatrix} + 5\begin{pmatrix} 1 \\ 2 \end{pmatrix}$$

好了，不用
算太多啦。

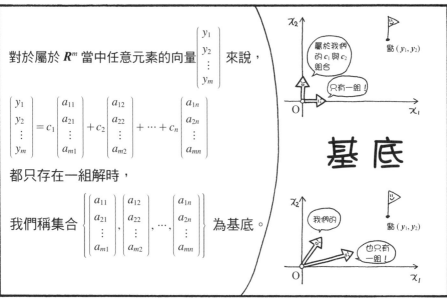

對於屬於 $R^m$ 當中任意元素的向量 $\begin{pmatrix} y_1 \\ y_2 \\ \vdots \\ y_m \end{pmatrix}$ 來說，

$$\begin{pmatrix} y_1 \\ y_2 \\ \vdots \\ y_m \end{pmatrix} = c_1 \begin{pmatrix} a_{11} \\ a_{21} \\ \vdots \\ a_{m1} \end{pmatrix} + c_2 \begin{pmatrix} a_{12} \\ a_{22} \\ \vdots \\ a_{m2} \end{pmatrix} + \cdots + c_n \begin{pmatrix} a_{1n} \\ a_{2n} \\ \vdots \\ a_{mn} \end{pmatrix}$$

都只存在一組解時，

我們稱集合 $\left\{ \begin{pmatrix} a_{11} \\ a_{21} \\ \vdots \\ a_{m1} \end{pmatrix}, \begin{pmatrix} a_{12} \\ a_{22} \\ \vdots \\ a_{m2} \end{pmatrix}, \cdots, \begin{pmatrix} a_{1n} \\ a_{2n} \\ \vdots \\ a_{mn} \end{pmatrix} \right\}$ 為基底。

基 底

所以說，問題 4 與問題 5 與問題 6 中，

・集合 $\left\{ \begin{pmatrix} 1 \\ 0 \end{pmatrix}, \begin{pmatrix} 0 \\ 1 \end{pmatrix} \right\}$ 是基底

・集合 $\left\{ \begin{pmatrix} 3 \\ 1 \end{pmatrix}, \begin{pmatrix} 1 \\ 2 \end{pmatrix} \right\}$ 是基底

・集合 $\left\{ \begin{pmatrix} 1 \\ 0 \end{pmatrix}, \begin{pmatrix} 0 \\ 1 \end{pmatrix}, \begin{pmatrix} 3 \\ 1 \end{pmatrix}, \begin{pmatrix} 1 \\ 2 \end{pmatrix} \right\}$ 不是

基底，是這樣嗎？

正是如此。

我舉幾個
・基底
・不是基底
的例子。

好。

下圖中，所有的集合都是基底。

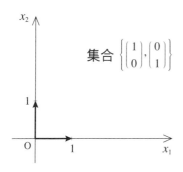

集合 $\left\{\begin{pmatrix}1\\0\end{pmatrix},\begin{pmatrix}0\\1\end{pmatrix}\right\}$

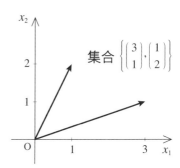

集合 $\left\{\begin{pmatrix}3\\1\end{pmatrix},\begin{pmatrix}1\\2\end{pmatrix}\right\}$

集合 $\left\{\begin{pmatrix}1\\0\\0\end{pmatrix},\begin{pmatrix}0\\1\\0\end{pmatrix},\begin{pmatrix}0\\0\\1\end{pmatrix}\right\}$

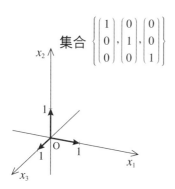

集合 $\left\{\begin{pmatrix}3\\0\\0\end{pmatrix},\begin{pmatrix}0\\0\\-5\end{pmatrix},\begin{pmatrix}1\\2\\-1\end{pmatrix}\right\}$

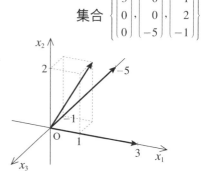

　簡而言之，基底就是「能夠表示 $R^m$ 當中任何元素，所需要的最少數目之向量，由這些向量所構成的集合」。
　從上圖可以知道，基底中的元素都是線性獨立的。

下圖中的集合，就不是基底。

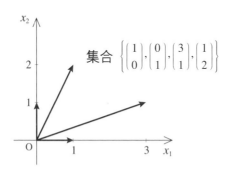

集合 $\left\{ \begin{pmatrix} 1 \\ 0 \end{pmatrix}, \begin{pmatrix} 0 \\ 1 \end{pmatrix}, \begin{pmatrix} 3 \\ 1 \end{pmatrix}, \begin{pmatrix} 1 \\ 2 \end{pmatrix} \right\}$

因為對於屬於 $R^2$ 當中任意元素的向量 $\begin{pmatrix} y_1 \\ y_2 \end{pmatrix}$ 來說，

$$\begin{pmatrix} y_1 \\ y_2 \end{pmatrix} = c_1 \begin{pmatrix} 1 \\ 0 \end{pmatrix} + c_2 \begin{pmatrix} 0 \\ 1 \end{pmatrix} + c_3 \begin{pmatrix} 3 \\ 1 \end{pmatrix} + c_4 \begin{pmatrix} 1 \\ 2 \end{pmatrix}$$

的解不只一個。換句話說，它就不是「能夠表示 $R^2$ 當中任何元素，所需要的最少數目之向量，由這些向量所構成的集合」。

像下圖這兩個集合，它們都沒辦法表示一個如 $\begin{bmatrix} 0 \\ 0 \\ 1 \end{bmatrix}$ 這樣

的向量，也就是說它們不是「能夠表示 $R^3$ 當中任何元素
所需要的最少數目之向量，由這些向量所構成的集合」，
因此不是基底。

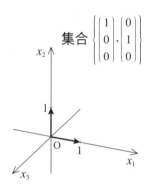

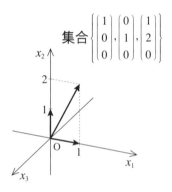

像集合 $\left\{ \begin{bmatrix} 1 \\ 0 \\ 0 \end{bmatrix}, \begin{bmatrix} 0 \\ 1 \\ 0 \end{bmatrix}, \begin{bmatrix} 0 \\ 0 \\ 1 \end{bmatrix} \right\}$ 既是基底，同時也是線性獨立；

而集合 $\left\{ \begin{bmatrix} 1 \\ 0 \\ 0 \end{bmatrix}, \begin{bmatrix} 0 \\ 1 \\ 0 \end{bmatrix} \right\}$ 雖不是基底，但也是線性獨立。也就

是說一個向量集合即使不是基底，其元素也有可能是線性
獨立的。

線性獨立與基底十分相近，很容易混淆，因此我們來確認一下它們的不同之處吧！

## 線性獨立

對於屬於 $R^m$ 當中元素的零向量 $\begin{pmatrix} 0 \\ 0 \\ \vdots \\ 0 \end{pmatrix}$ 來說，

$$\begin{pmatrix} 0 \\ 0 \\ \vdots \\ 0 \end{pmatrix} = c_1 \begin{pmatrix} a_{11} \\ a_{21} \\ \vdots \\ a_{m1} \end{pmatrix} + c_2 \begin{pmatrix} a_{12} \\ a_{22} \\ \vdots \\ a_{m2} \end{pmatrix} + \cdots + c_n \begin{pmatrix} a_{1n} \\ a_{2n} \\ \vdots \\ a_{mn} \end{pmatrix}$$

的解只有 $\begin{cases} c_1 = 0 \\ c_2 = 0 \\ \quad \vdots \\ c_n = 0 \end{cases}$ 一組存在時，我們可以說「向量 $\begin{pmatrix} a_{11} \\ a_{21} \\ \vdots \\ a_{m1} \end{pmatrix}$ 、向量 $\begin{pmatrix} a_{12} \\ a_{22} \\ \vdots \\ a_{m2} \end{pmatrix}$ 、…及向量 $\begin{pmatrix} a_{1n} \\ a_{2n} \\ \vdots \\ a_{mn} \end{pmatrix}$ 為**線性獨立**」。

## 基底

對於屬於 $R^m$ 當中任意元素的向量 $\begin{pmatrix} y_1 \\ y_2 \\ \vdots \\ y_m \end{pmatrix}$ 來說，都只存在一組解時，

$$\begin{pmatrix} y_1 \\ y_2 \\ \vdots \\ y_m \end{pmatrix} = c_1 \begin{pmatrix} a_{11} \\ a_{21} \\ \vdots \\ a_{m1} \end{pmatrix} + c_2 \begin{pmatrix} a_{12} \\ a_{22} \\ \vdots \\ a_{m2} \end{pmatrix} + \cdots + c_n \begin{pmatrix} a_{1n} \\ a_{2n} \\ \vdots \\ a_{mn} \end{pmatrix}$$

我們稱集合 $\left\{ \begin{pmatrix} a_{11} \\ a_{21} \\ \vdots \\ a_{m1} \end{pmatrix}, \begin{pmatrix} a_{12} \\ a_{22} \\ \vdots \\ a_{m2} \end{pmatrix}, \cdots, \begin{pmatrix} a_{1n} \\ a_{2n} \\ \vdots \\ a_{mn} \end{pmatrix} \right\}$ 為**基底**。

基底就是「能夠表示 $R^m$ 當中任何元素所需要的最少數目之向量，由這些向量所構成的集合」。

簡單來說，

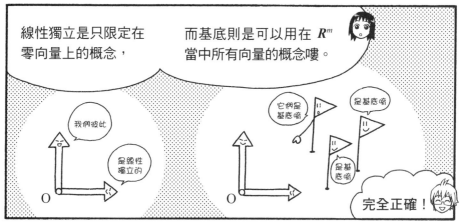

線性獨立是只限定在
零向量上的概念，

而基底則是可以用在 $R^m$
當中所有向量的概念嘍。

我們彼此

是線性
獨立的

它們是
基底喲

是基底喲

是基
底喲

完全正確！

美紗
妳一下就懂得
線性獨立與基底
的差別了耶，好
厲害唷。

這、沒有
啦……

好，
那今天的課程
就上到這裡……

啊，請
等一下。

## 3. 維度

我從剛剛
就注意到，

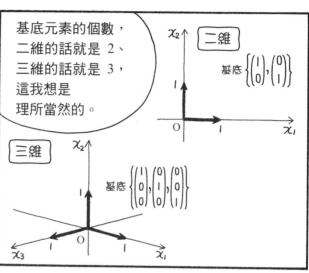

基底元素的個數，
二維的話就是 2、
三維的話就是 3，
這我想是
理所當然的。

二維

基底 $\left\{ \begin{pmatrix} 1 \\ 0 \end{pmatrix}, \begin{pmatrix} 0 \\ 1 \end{pmatrix} \right\}$

三維

基底 $\left\{ \begin{pmatrix} 1 \\ 0 \\ 0 \end{pmatrix}, \begin{pmatrix} 0 \\ 1 \\ 0 \end{pmatrix}, \begin{pmatrix} 0 \\ 0 \\ 1 \end{pmatrix} \right\}$

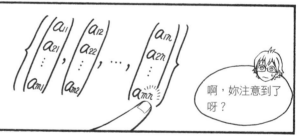

那麼為什麼
$m$ 維基底的時候，
用來表示的向量
不是 $m$ 個而是 $n$ 個
呢？

$$\left\{ \begin{pmatrix} a_{11} \\ a_{21} \\ \vdots \\ a_{m1} \end{pmatrix}, \begin{pmatrix} a_{12} \\ a_{22} \\ \vdots \\ a_{m2} \end{pmatrix}, \cdots, \begin{pmatrix} a_{1n} \\ a_{2n} \\ \vdots \\ a_{mn} \end{pmatrix} \right\}$$

啊，妳注意到了
呀？

實際上
基底還有
更嚴謹的定義，

而維度
在線性代數中
則有它超越常識
感覺的
獨特定義。

是什麼樣的
定義啊？

哇～

妳想知道嗎？

會很難嗎？

難是不會難，但是很抽象唷！

不過既然美紗有興趣的話我就來講解一下吧！

啊，是……

為了要了解基底與維度，我們需要有**子空間**的知識。

子空間

因此我們就先來對子空間做說明。

### 3.1 子空間

子空間粗略來講的話就是這個。

$\mathbb{R}^m$

$W$

這不就是子集合嗎？

不一樣唷。說得更明確一點的話……

## 子空間

設 $c$ 爲任意實數。

當 $R^m$ 的子集合 $W$ 滿足

> ① 「 $W$ 任意元素乘以 $c$ 倍」也是 $W$ 的元素。
>
> ② 「 $W$ 任意元素的和」也是 $W$ 的元素。

兩個條件，也就是說當它滿足

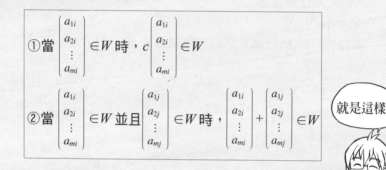

$$① 當 \begin{pmatrix} a_{1i} \\ a_{2i} \\ \vdots \\ a_{mi} \end{pmatrix} \in W \text{ 時，} c\begin{pmatrix} a_{1i} \\ a_{2i} \\ \vdots \\ a_{mi} \end{pmatrix} \in W$$

$$② 當 \begin{pmatrix} a_{1i} \\ a_{2i} \\ \vdots \\ a_{mi} \end{pmatrix} \in W \text{ 並且 } \begin{pmatrix} a_{1j} \\ a_{2j} \\ \vdots \\ a_{mj} \end{pmatrix} \in W \text{ 時，} \begin{pmatrix} a_{1i} \\ a_{2i} \\ \vdots \\ a_{mi} \end{pmatrix} + \begin{pmatrix} a_{1j} \\ a_{2j} \\ \vdots \\ a_{mj} \end{pmatrix} \in W$$

就是這樣。

兩個條件時，我們就說 $W$ 爲「 $R^m$ 的子空間」。

用圖表示的話就是這樣。

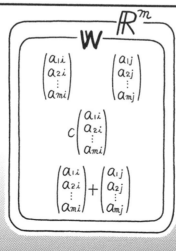

呃⋯⋯

前一頁的解說看起來十分抽象，應該還是一下子沒辦法理解子空間究竟是什麼東西吧！為了能建立一個概念，我們這邊分別舉出是子空間與不是子空間的例子。

粗略扼要地來說，子空間就是「通過原點的直線」或者「通過原點的平面」。

■ 子空間的例子

設 $c$ 為任意實數。

集合 $\left\{ \begin{pmatrix} \alpha \\ 0 \\ 0 \end{pmatrix} \middle| \alpha \text{ 為任意實數} \right\}$ ，也就是 $x_1$ 軸，為 $R^3$ 的子空間。

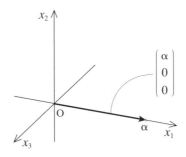

因為它滿足子空間的兩個條件：

① $c \begin{pmatrix} \alpha_1 \\ 0 \\ 0 \end{pmatrix} = \begin{pmatrix} c\alpha_1 \\ 0 \\ 0 \end{pmatrix} \in \left\{ \begin{pmatrix} \alpha \\ 0 \\ 0 \end{pmatrix} \middle| \alpha \text{ 為任意實數} \right\}$

② $\begin{pmatrix} \alpha_1 \\ 0 \\ 0 \end{pmatrix} + \begin{pmatrix} \alpha_2 \\ 0 \\ 0 \end{pmatrix} = \begin{pmatrix} \alpha_1 + \alpha_2 \\ 0 \\ 0 \end{pmatrix} \in \left\{ \begin{pmatrix} \alpha \\ 0 \\ 0 \end{pmatrix} \middle| \alpha \text{ 為任意實數} \right\}$

## ■ 非子空間的例子

設 $c$ 爲任意實數。

集合 $\left\{ \begin{pmatrix} \alpha \\ \alpha^2 \\ 0 \end{pmatrix} \middle\vert \alpha \text{ 爲任意實數} \right\}$ 不是 $R^3$ 的子空間。

因爲子空間的兩個條件它都沒有滿足：

① $c\begin{pmatrix} \alpha_1 \\ \alpha_1^2 \\ 0 \end{pmatrix} = \begin{pmatrix} c\alpha_1 \\ c\alpha_1^2 \\ 0 \end{pmatrix} \neq \begin{pmatrix} c\alpha_1 \\ (c\alpha_1)^2 \\ 0 \end{pmatrix} \in \left\{ \begin{pmatrix} \alpha \\ \alpha^2 \\ 0 \end{pmatrix} \middle\vert \alpha \text{ 爲任意實數} \right\}$

② $\begin{pmatrix} \alpha_1 \\ \alpha_1^2 \\ 0 \end{pmatrix} + \begin{pmatrix} \alpha_2 \\ \alpha_2^2 \\ 0 \end{pmatrix} = \begin{pmatrix} \alpha_1+\alpha_2 \\ \alpha_1^2+\alpha_2^2 \\ 0 \end{pmatrix} \neq \begin{pmatrix} \alpha_1+\alpha_2 \\ (\alpha_1+\alpha_2)^2 \\ 0 \end{pmatrix} \in \left\{ \begin{pmatrix} \alpha \\ \alpha^2 \\ 0 \end{pmatrix} \middle\vert \alpha \text{ 爲任意實數} \right\}$

可能有讀者會想，要是 $\alpha_1 = \alpha_2 = 0$ 的話①和②就不是「≠」而是「＝」了吧。的確沒錯，但是如果不是「任意」元素都可以滿足①和②的話就不能算是子空間。請再仔細看看第 157 頁。

我想我懂了。

太好了！

以下的子空間特別稱為**生成子空間**。

---

### 生成子空間

向量 $\begin{bmatrix} a_{11} \\ a_{21} \\ \vdots \\ a_{m1} \end{bmatrix}$ 、向量 $\begin{bmatrix} a_{12} \\ a_{22} \\ \vdots \\ a_{m2} \end{bmatrix}$ 、…及向量 $\begin{bmatrix} a_{1n} \\ a_{2n} \\ \vdots \\ a_{mn} \end{bmatrix}$ 為 $R^m$ 的元素，則我們稱

$$\left\{ c_1 \begin{bmatrix} a_{11} \\ a_{21} \\ \vdots \\ a_{m1} \end{bmatrix} + c_2 \begin{bmatrix} a_{12} \\ a_{22} \\ \vdots \\ a_{m2} \end{bmatrix} + \cdots + c_n \begin{bmatrix} a_{1n} \\ a_{2n} \\ \vdots \\ a_{mn} \end{bmatrix} \middle| c_1 \text{、} c_2 \text{、} \cdots \text{與} c_n \text{為任意實數} \right\}$$

這個集合為「向量 $\begin{bmatrix} a_{11} \\ a_{21} \\ \vdots \\ a_{m1} \end{bmatrix}$ 、向量 $\begin{bmatrix} a_{12} \\ a_{22} \\ \vdots \\ a_{m2} \end{bmatrix}$ 、…及向量 $\begin{bmatrix} a_{1n} \\ a_{2n} \\ \vdots \\ a_{mn} \end{bmatrix}$

在 $R^m$ 所**生成的子空間**」。

---

例 1

集合 $\left\{ c_1 \begin{bmatrix} 3 \\ 1 \end{bmatrix} + c_2 \begin{bmatrix} 1 \\ 2 \end{bmatrix} \middle| c_1 \text{ 與 } c_2 \text{ 為任意實數} \right\}$，也就是 $x_1 x_2$ 平面，

是「由向量 $\begin{bmatrix} 3 \\ 1 \end{bmatrix}$ 與向量 $\begin{bmatrix} 1 \\ 2 \end{bmatrix}$ 在 $R^2$ 所生成的子空間」。

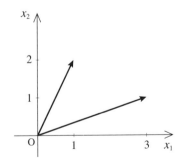

集合 $\left\{ c_1 \begin{pmatrix} 1 \\ 0 \\ 0 \end{pmatrix} + c_2 \begin{pmatrix} 0 \\ 1 \\ 0 \end{pmatrix} \middle| c_1 \text{ 與 } c_2 \text{ 為任意實數} \right\}$ ，也就是 $x_1 x_2$ 平面，

是「由向量 $\begin{pmatrix} 1 \\ 0 \\ 0 \end{pmatrix}$ 與向量 $\begin{pmatrix} 0 \\ 1 \\ 0 \end{pmatrix}$ 在 $R^3$ 所生成的子空間」。

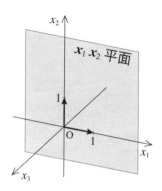

從例 1 我們也可以看出來，$R^m$ 本身也是 $R^m$ 的子空間。

從例 1、例 2 與第 158 頁我們可以知道，任何子空間必定會包含零向量 $\begin{pmatrix} 0 \\ 0 \\ \vdots \\ 0 \end{pmatrix}$ 。

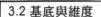

讓妳久等了。

這就是基底與維度的嚴格定義。

## 基底與維度

$W$ 為 $R^m$ 的子空間，向量 $\begin{bmatrix} a_{11} \\ a_{21} \\ \vdots \\ a_{m1} \end{bmatrix}$、向量 $\begin{bmatrix} a_{12} \\ a_{22} \\ \vdots \\ a_{m2} \end{bmatrix}$、…及向量 $\begin{bmatrix} a_{1n} \\ a_{2n} \\ \vdots \\ a_{mn} \end{bmatrix}$

為 $W$ 的<u>線性獨立</u>的元素。當

$$W = \left\{ c_1 \begin{bmatrix} a_{11} \\ a_{21} \\ \vdots \\ a_{m1} \end{bmatrix} + c_2 \begin{bmatrix} a_{12} \\ a_{22} \\ \vdots \\ a_{m2} \end{bmatrix} + \cdots + c_n \begin{bmatrix} a_{1n} \\ a_{2n} \\ \vdots \\ a_{mn} \end{bmatrix} \middle| c_1 \cdot c_2 \cdot \cdots 與 c_n 為任意實數 \right\}$$

這個等式成立時，集合 $\left\{ \begin{bmatrix} a_{11} \\ a_{21} \\ \vdots \\ a_{m1} \end{bmatrix}, \begin{bmatrix} a_{12} \\ a_{22} \\ \vdots \\ a_{m2} \end{bmatrix}, \cdots, \begin{bmatrix} a_{1n} \\ a_{2n} \\ \vdots \\ a_{mn} \end{bmatrix} \right\}$ 稱為「子空間 $W$ 的

**基底**」，基底元素的個數也就是 $n$ 的值，稱為「子空間 $W$ 的**維度**」。

「子空間 $W$ 的維度」一般寫為 $\dim W$。

dim 是 dimension 的略語。

是。

呃……

我們再舉個例子，這樣一看就知道了吧！

例

為了解說方便，我們把 $x_1 x_2$ 平面稱為 $W$。

$W$ 為 $R^3$ 的子空間，向量 $\begin{pmatrix} 3 \\ 1 \\ 0 \end{pmatrix}$ 與向量 $\begin{pmatrix} 1 \\ 2 \\ 0 \end{pmatrix}$ 為 $W$ 的線性獨立的元素。

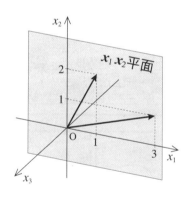

很明顯的，

$$W = \left\{ c_1 \begin{pmatrix} 3 \\ 1 \\ 0 \end{pmatrix} + c_2 \begin{pmatrix} 1 \\ 2 \\ 0 \end{pmatrix} \middle| \ c_1 \ \text{與} \ c_2 \ \text{為任意實數} \right\}$$

這個等式成立，因此集合 $\left\{ \begin{pmatrix} 3 \\ 1 \\ 0 \end{pmatrix}, \begin{pmatrix} 1 \\ 2 \\ 0 \end{pmatrix} \right\}$

為「子空間 $W$ 的基底」，「子空間 $W$ 的維度」為 2。

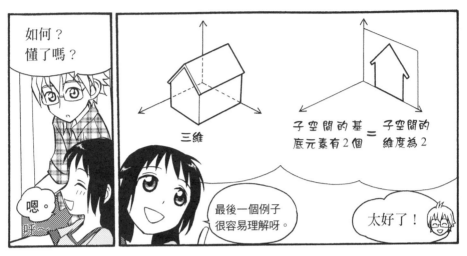

如何？
懂了嗎？

三維

子空間的基底元素有2個 ＝ 子空間的維度為2

嗯。

最後一個例子很容易理解呀。

太好了！

那今天的課就講到這裡。

辛苦妳了～

謝謝老師。

下次就要講主題的線性映射了。

回家請以映射為主做一下複習唷。

是。

那我們回去吧。

……

瞄

那個……
剛剛我沒有
講……

?

我會想進
空手道社,

是因為
我想變得更強。

我、我一直
非常的……

非常軟弱,
所以……

這個……

唔？

那我以後，

更應該幫你
做便當嘍！

我要做能讓你耐
得住大哥斯巴達
訓練的超豪華特
製元氣便當！

謝謝妳，美紗。

呵呵，
就交給我吧！

# 4. 座標

　　和 162 頁談到的「維度」情況一樣，線性代數中「座標」的概念，也跟讀者們在國高中學到的常識有所不同。我們根據下圖來說明其相異之處。

　　在國高中時，座標是以基底 $\left\{\begin{pmatrix} 1 \\ 0 \\ \vdots \\ 0 \end{pmatrix}, \begin{pmatrix} 0 \\ 1 \\ \vdots \\ 0 \end{pmatrix}, \cdots, \begin{pmatrix} 0 \\ 0 \\ \vdots \\ 1 \end{pmatrix}\right\}$ 為前提所設立的。因此原

點與點之間的關係可用下圖來解釋。

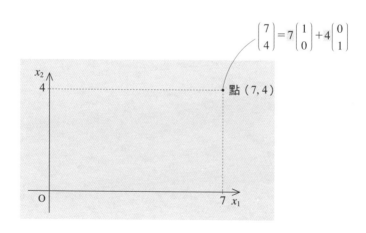

另一方面，線性代數中的座標有時以基底 $\left\{ \begin{pmatrix} 1 \\ 0 \\ \vdots \\ 0 \end{pmatrix}, \begin{pmatrix} 0 \\ 1 \\ \vdots \\ 0 \end{pmatrix}, ..., \begin{pmatrix} 0 \\ 0 \\ \vdots \\ 1 \end{pmatrix} \right\}$ 為設立前提，

但有時也不是如此。在後者的情況下，原點與點的關係，就要如下圖這樣
來解釋。

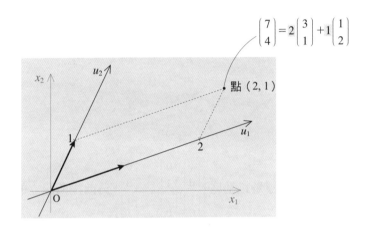

$$\begin{pmatrix} 7 \\ 4 \end{pmatrix} = 2\begin{pmatrix} 3 \\ 1 \end{pmatrix} + 1\begin{pmatrix} 1 \\ 2 \end{pmatrix}$$

點 (2, 1)

這種解釋，在做**因素分析**[1]時十分有用。

---

1 本書不做這方面的解說，有興趣的讀者，可參考拙作《マンガでわかる 統計學 因子分析編》
（OHM 社），中文版為《世界第一簡單統計學》（因數分析）（即將由世茂出版）。

# 線性映射

要與南鳳大學打練習賽？

沒錯。決定在兩個星期後舉行。

比賽啊……我應該是觀摩吧。

百合野！

你也要出賽。

咦！？

我參加比賽？

隊長！百合野他參賽還太早吧……

你不服我的決定嗎？

不敢！真是抱歉！

嘎吱……

## 1. 線性映射

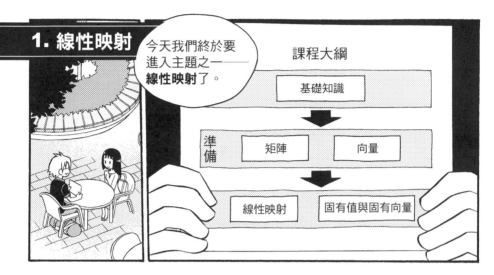

今天我們終於要進入主題之一——**線性映射**了。

課程大綱

基礎知識

↓

準備 | 矩陣 | 向量

↓

線性映射 | 固有值與固有向量

我們這就來解說它的定義。

嗯，老師請說！

剛開始教課時我們是這樣介紹它的。

是。

### 線性映射

設 $x_i$ 與 $x_j$ 是 $X$ 的任意元素，$c$ 為任意實數，$f$ 為「從 $X$ 到 $Y$ 的映射」。

當映射 $f$ 滿足下列二個條件時，我們稱「映射 $f$ 為從 $X$ 到 $Y$ 的**線性映射**」。

① $f(x_i) + f(x_j)$ 與 $f(x_i + x_j)$ 相等。
② $cf(x_i)$ 與 $f(cx_i)$ 相等。

實際上這是有點曖昧的說法……

※請參照 54～56 頁

這才是線性映射
的真正定義！

……

### 線性映射

設 $\begin{bmatrix} x_{1i} \\ x_{2i} \\ \vdots \\ x_{ni} \end{bmatrix}$ 與 $\begin{bmatrix} x_{1j} \\ x_{2j} \\ \vdots \\ x_{nj} \end{bmatrix}$ 為 $\boldsymbol{R}^n$ 的任意元素，$c$ 為任意實數，$f$ 為「從 $\boldsymbol{R}^n$ 到 $\boldsymbol{R}^m$ 的映射」。

當映射 $f$ 滿足下列二個條件時，我們稱「映射 $f$ 為從 $\boldsymbol{R}^n$ 到 $\boldsymbol{R}^m$ 的線性映射」。

① $f \begin{bmatrix} x_{1i} \\ x_{2i} \\ \vdots \\ x_{ni} \end{bmatrix} + f \begin{bmatrix} x_{1j} \\ x_{2j} \\ \vdots \\ x_{nj} \end{bmatrix}$ 與 $f \begin{bmatrix} x_{1i} + x_{1j} \\ x_{2i} + x_{2j} \\ \vdots \\ x_{ni} + x_{nj} \end{bmatrix}$ 相等。

② $cf \begin{bmatrix} x_{1i} \\ x_{2i} \\ \vdots \\ x_{ni} \end{bmatrix}$ 與 $f \begin{bmatrix} c \begin{bmatrix} x_{1i} \\ x_{2i} \\ \vdots \\ x_{ni} \end{bmatrix} \end{bmatrix}$ 相等。

另外「從 $\boldsymbol{R}^n$ 到 $\boldsymbol{R}^m$ 的線性映射」，有時會特別稱做**線性變換**或**一次變換**。

說起來就是
將元素從數值
換成向量嘛。

完全正確！

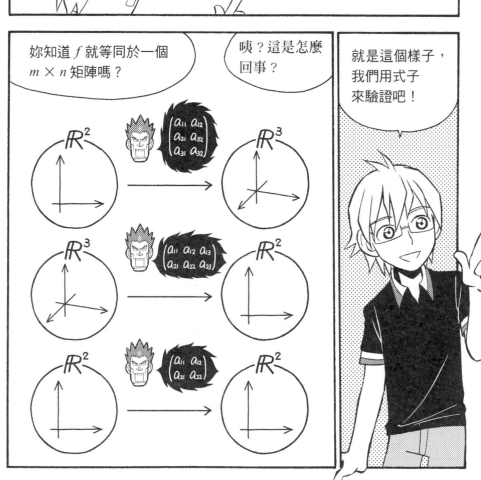

■ **驗證「① $f\left(\begin{pmatrix} x_{1i} \\ x_{2i} \\ \vdots \\ x_{ni} \end{pmatrix}\right) + f\left(\begin{pmatrix} x_{1j} \\ x_{2j} \\ \vdots \\ x_{nj} \end{pmatrix}\right)$ 與 $f\left(\begin{pmatrix} x_{1i} + x_{1j} \\ x_{2i} + x_{2j} \\ \vdots \\ x_{ni} + x_{nj} \end{pmatrix}\right)$ 相等」**

$$\begin{pmatrix} a_{11} & a_{12} & \cdots & a_{1n} \\ a_{21} & a_{22} & \cdots & a_{2n} \\ \vdots & \vdots & \ddots & \vdots \\ a_{m1} & a_{m2} & \cdots & a_{mn} \end{pmatrix}\begin{pmatrix} x_{1i} \\ x_{2i} \\ \vdots \\ x_{ni} \end{pmatrix} + \begin{pmatrix} a_{11} & a_{12} & \cdots & a_{1n} \\ a_{21} & a_{22} & \cdots & a_{2n} \\ \vdots & \vdots & \ddots & \vdots \\ a_{m1} & a_{m2} & \cdots & a_{mn} \end{pmatrix}\begin{pmatrix} x_{1j} \\ x_{2j} \\ \vdots \\ x_{nj} \end{pmatrix}$$

$$= \begin{pmatrix} a_{11}\,x_{1i} + a_{12}\,x_{2i} + \cdots + a_{1n}\,x_{ni} \\ a_{21}\,x_{1i} + a_{22}\,x_{2i} + \cdots + a_{2n}\,x_{ni} \\ \vdots \\ a_{m1}x_{1i} + a_{m2}x_{2i} + \cdots + a_{mn}x_{ni} \end{pmatrix} + \begin{pmatrix} a_{11}\,x_{1j} + a_{12}\,x_{2j} + \cdots + a_{1n}\,x_{nj} \\ a_{21}\,x_{1j} + a_{22}\,x_{2j} + \cdots + a_{2n}\,x_{nj} \\ \vdots \\ a_{m1}x_{1j} + a_{m2}x_{2j} + \cdots + a_{mn}x_{nj} \end{pmatrix}$$

$$= \begin{pmatrix} a_{11}(x_{1i}+x_{1j}) + a_{12}(x_{2i}+x_{2j}) + \cdots + a_{1n}(x_{ni}+x_{nj}) \\ a_{21}(x_{1i}+x_{1j}) + a_{22}(x_{2i}+x_{2j}) + \cdots + a_{2n}(x_{ni}+x_{nj}) \\ \vdots \\ a_{m1}(x_{1i}+x_{1j}) + a_{m2}(x_{2i}+x_{2j}) + \cdots + a_{mn}(x_{ni}+x_{nj}) \end{pmatrix}$$

$$= \begin{pmatrix} a_{11} & a_{12} & \cdots & a_{1n} \\ a_{21} & a_{22} & \cdots & a_{2n} \\ \vdots & \vdots & \ddots & \vdots \\ a_{m1} & a_{m2} & \cdots & a_{mn} \end{pmatrix}\begin{pmatrix} x_{1i}+x_{1j} \\ x_{2i}+x_{2j} \\ \vdots \\ x_{ni}+x_{nj} \end{pmatrix}$$

嗯嗯……

■ **驗證「② $cf\left(\begin{pmatrix} x_{1i} \\ x_{2i} \\ \vdots \\ x_{ni} \end{pmatrix}\right)$ 與 $f\left(\begin{pmatrix} x_{1i} \\ x_{2i} \\ \vdots \\ x_{ni} \end{pmatrix}\right)$ 相等」**

$$c \begin{pmatrix} a_{11} & a_{12} & \cdots & a_{1n} \\ a_{21} & a_{22} & \cdots & a_{2n} \\ \vdots & \vdots & \ddots & \vdots \\ a_{m1} & a_{m2} & \cdots & a_{mn} \end{pmatrix} \begin{pmatrix} x_{1i} \\ x_{2i} \\ \vdots \\ x_{ni} \end{pmatrix}$$

$$= c \begin{pmatrix} a_{11}x_{1i} + a_{12}x_{2i} + \cdots + a_{1n}x_{ni} \\ a_{21}x_{1i} + a_{22}x_{2i} + \cdots + a_{2n}x_{ni} \\ \vdots \\ a_{m1}x_{1i} + a_{m2}x_{2i} + \cdots + a_{mn}x_{ni} \end{pmatrix}$$

$$= \begin{pmatrix} a_{11}(cx_{1i}) + a_{12}(cx_{2i}) + \cdots + a_{1n}(cx_{ni}) \\ a_{21}(cx_{1i}) + a_{22}(cx_{2i}) + \cdots + a_{2n}(cx_{ni}) \\ \vdots \\ a_{m1}(cx_{1i}) + a_{m2}(cx_{2i}) + \cdots + a_{mn}(cx_{ni}) \end{pmatrix}$$

$$= \begin{pmatrix} a_{11} & a_{12} & \cdots & a_{1n} \\ a_{21} & a_{22} & \cdots & a_{2n} \\ \vdots & \vdots & \ddots & \vdots \\ a_{m1} & a_{m2} & \cdots & a_{mn} \end{pmatrix} \begin{pmatrix} cx_{1i} \\ cx_{2i} \\ \vdots \\ cx_{ni} \end{pmatrix}$$

$$= \begin{pmatrix} a_{11} & a_{12} & \cdots & a_{1n} \\ a_{21} & a_{22} & \cdots & a_{2n} \\ \vdots & \vdots & \ddots & \vdots \\ a_{m1} & a_{m2} & \cdots & a_{mn} \end{pmatrix} \begin{bmatrix} c \begin{pmatrix} x_{1i} \\ x_{2i} \\ \vdots \\ x_{ni} \end{pmatrix} \end{bmatrix}$$

真的耶！

就當做參考，我們也看看 $2 \times 2$ 矩陣 $\begin{pmatrix} a_{11} & a_{12} \\ a_{21} & a_{22} \end{pmatrix}$ 的情況吧！

■ 驗證「① $\begin{pmatrix} a_{11} & a_{12} \\ a_{21} & a_{22} \end{pmatrix}\begin{pmatrix} x_{1i} \\ x_{2i} \end{pmatrix} + \begin{pmatrix} a_{11} & a_{12} \\ a_{21} & a_{22} \end{pmatrix}\begin{pmatrix} x_{1j} \\ x_{2j} \end{pmatrix}$ 與 $\begin{pmatrix} a_{11} & a_{12} \\ a_{21} & a_{22} \end{pmatrix}\begin{pmatrix} x_{1i}+x_{1j} \\ x_{2i}+x_{2j} \end{pmatrix}$ 相等」

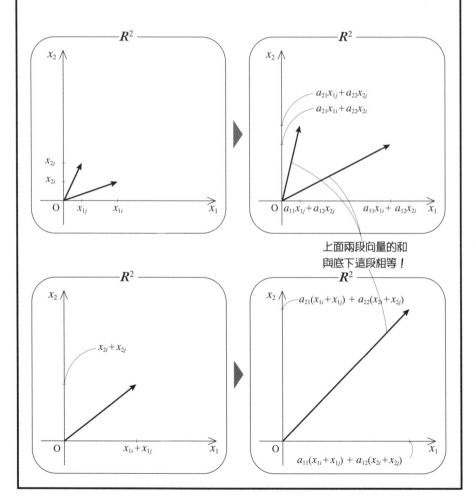

■ 驗證「② $c\left(\begin{bmatrix} a_{11} & a_{12} \\ a_{21} & a_{22} \end{bmatrix}\begin{bmatrix} x_{1i} \\ x_{2i} \end{bmatrix}\right)$ 與 $\begin{bmatrix} a_{11} & a_{12} \\ a_{21} & a_{22} \end{bmatrix}\left[c\begin{bmatrix} x_{1i} \\ x_{2i} \end{bmatrix}\right]$ 相等」

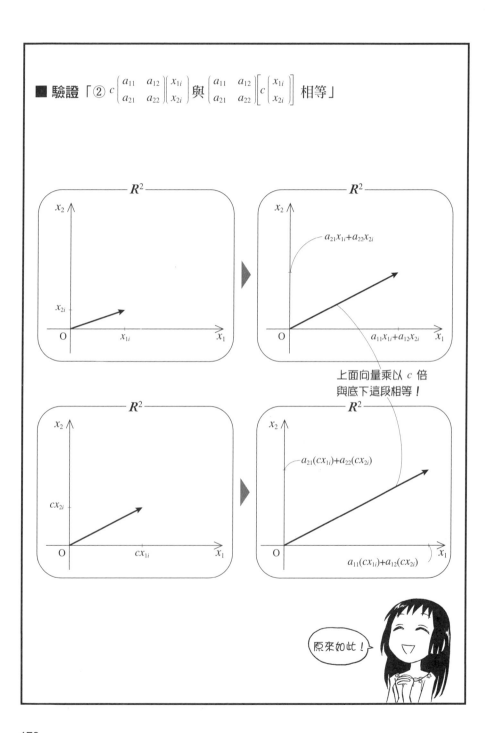

上面向量乘以 $c$ 倍
與底下這段相等！

原來如此！

另外當映射 $f$ 為從 $R^n$ 到 $R^m$ 的線性映射時，

$f$ 稱為「由 $m \times n$ 矩陣 $\begin{bmatrix} a_{11} & a_{12} & \cdots & a_{1n} \\ a_{21} & a_{22} & \cdots & a_{2n} \\ \vdots & \vdots & \ddots & \vdots \\ a_{m1} & a_{m2} & \cdots & a_{mn} \end{bmatrix}$ 所決定，

從 $R^n$ 到 $R^m$ 的線性映射」。

我懂了！

## 2. 為何要學習線性映射呢？

那麼線性映射究竟有什麼用途呢？

既然被列為「主題」，應該大有用處吧？

嗯～，
其實也並非如此⋯⋯
它也說不上有用不有用啦。

咦？
那為什麼還要學線性映射呢？

沒錯，

這正是它的重點！

先舉個例子。根據「由 $m \times n$ 矩陣 $\begin{pmatrix} a_{11} & a_{12} & \cdots & a_{1n} \\ a_{21} & a_{22} & \cdots & a_{2n} \\ \vdots & \vdots & \ddots & \vdots \\ a_{m1} & a_{m2} & \cdots & a_{mn} \end{pmatrix}$ 所決定，從

$R^n$ 到 $R^m$ 的線性映射」，$\begin{pmatrix} x_1 \\ x_2 \\ \vdots \\ x_n \end{pmatrix}$ 的像若為 $\begin{pmatrix} y_1 \\ y_2 \\ \vdots \\ y_m \end{pmatrix}$，它們應該有這樣的關係。

$$\begin{pmatrix} y_1 \\ y_2 \\ \vdots \\ y_m \end{pmatrix} = \begin{pmatrix} a_{11} & a_{12} & \cdots & a_{1n} \\ a_{21} & a_{22} & \cdots & a_{2n} \\ \vdots & \vdots & \ddots & \vdots \\ a_{m1} & a_{m2} & \cdots & a_{mn} \end{pmatrix} \begin{pmatrix} x_1 \\ x_2 \\ \vdots \\ x_n \end{pmatrix}$$

像？

所謂的像……

啪啦

**像**

設 $x_i$ 為集合 $X$ 的元素。

$X$

$x_i$

以前學過的就是這個吧！

透過映射 $f$ 對應於集合 $Y$ 的元素，稱為「在 $f$ 映射下 $x_i$ 的像」。

$X$     $Y$

$x_i \longrightarrow f(x_i)$

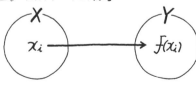

沒錯。

※請參照 44～45 頁

好，我們仔細看看這個式子。

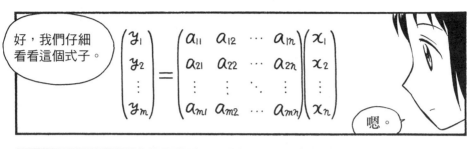

嗯。

可以說和**一次函數** $y = ax$ 非常類似。

對耶。

而且它們還可以做這樣的解釋。

這樣一講好像真的是如此。

$n$ 維世界……

只要乘以 $m \times n$ 矩陣

$$\begin{pmatrix} a_{11} & a_{12} & \cdots & a_{1n} \\ a_{21} & a_{22} & \cdots & a_{2n} \\ \vdots & \vdots & \ddots & \vdots \\ a_{m1} & a_{m2} & \cdots & a_{mn} \end{pmatrix}$$

的話…就會變成 $m$ 維的世界！

如果是 $\begin{cases} y_1 = a_{11}x_1 + a_{12}x_2 + a_{13}x_3 \\ y_2 = a_{21}x_1 + a_{22}x_2 + a_{23}x_3 \end{cases}$ 的話

如果是 $\begin{pmatrix} y_1 \\ y_2 \end{pmatrix} = \begin{pmatrix} a_{11} & a_{12} & a_{13} \\ a_{21} & a_{22} & a_{23} \end{pmatrix} \begin{pmatrix} x_1 \\ x_2 \\ x_3 \end{pmatrix}$ 的話

這是什麼……聯立方程式?

原來如此……

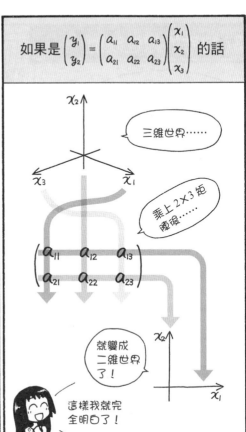

三維世界……

乘上 2×3 矩陣後……

$\begin{pmatrix} a_{11} & a_{12} & a_{13} \\ a_{21} & a_{22} & a_{23} \end{pmatrix}$

就變成二維世界了!

這樣我就完全明白了!

確實好懂很多耶。

但是說實話,我也覺得線性映射不是這麼一看就能通的概念。

## 3. 特殊的線性映射

話雖如此，
不過線性映射已經
被活用在電腦繪圖等領域，
這是毫無疑問的。

是這樣啊？

我們就趁此機會，
介紹一下在電腦繪圖中，
所被運用
・放大
・旋轉
・平行移動
・透視投影
的幾個線性映射吧！

喀喳

哇，好
可愛～

用我畫的畫來
說明。

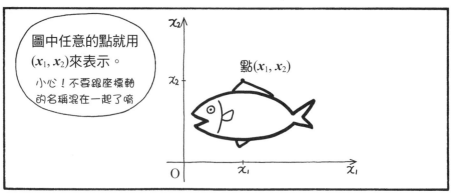

圖中任意的點就用
$(x_1, x_2)$來表示。

小心！不要跟座標軸
的名稱混在一起了喲

點$(x_1, x_2)$

若將圖做 $\begin{cases} \text{延 } x_1 \text{ 軸方向乘以 } \alpha \text{ 倍} \\ \text{延 } x_2 \text{ 軸方向乘以 } \beta \text{ 倍} \end{cases}$ 的話，當然就會形成 $\begin{cases} y_1 = \alpha x_1 \\ y_2 = \beta x_2 \end{cases}$ 的關係。

嗯。

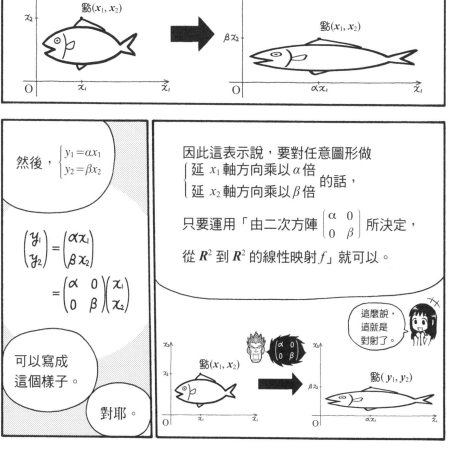

然後，$\begin{cases} y_1 = \alpha x_1 \\ y_2 = \beta x_2 \end{cases}$

$$\begin{pmatrix} y_1 \\ y_2 \end{pmatrix} = \begin{pmatrix} \alpha x_1 \\ \beta x_2 \end{pmatrix}$$
$$= \begin{pmatrix} \alpha & 0 \\ 0 & \beta \end{pmatrix} \begin{pmatrix} x_1 \\ x_2 \end{pmatrix}$$

可以寫成這個樣子。

對耶。

因此這表示說，要對任意圖形做 $\begin{cases} \text{延 } x_1 \text{ 軸方向乘以 } \alpha \text{ 倍} \\ \text{延 } x_2 \text{ 軸方向乘以 } \beta \text{ 倍} \end{cases}$ 的話，

只要運用「由二次方陣 $\begin{pmatrix} \alpha & 0 \\ 0 & \beta \end{pmatrix}$ 所決定，從 $R^2$ 到 $R^2$ 的線性映射 $f$」就可以。

這麼說，這就是對射了。

- 如果 $\begin{pmatrix} x_1 \\ 0 \end{pmatrix}$ 旋轉 $\theta$ 角的話，就會變成 $\begin{pmatrix} x_1\cos\theta \\ x_1\sin\theta \end{pmatrix}$。

點 $(x_1\cos\theta,\ x_1\sin\theta)$

點$(\boldsymbol{x}_1, 0)$

- 如果 $\begin{pmatrix} 0 \\ x_2 \end{pmatrix}$ 旋轉 $\theta$ 角的話，就會變成 $\begin{pmatrix} -x_2\sin\theta \\ x_2\cos\theta \end{pmatrix}$，

點$(0, \boldsymbol{x}_2)$

點 $(-x_2\sin\theta,\ x_2\cos\theta)$

點 $(x_1\cos\theta-x_2\sin\theta,\ x_1\sin\theta+x_2\cos\theta)$

- 如果 $\begin{pmatrix} x_1 \\ x_2 \end{pmatrix}$，也就是 $\begin{pmatrix} x_1 \\ 0 \end{pmatrix} + \begin{pmatrix} 0 \\ x_2 \end{pmatrix}$ 旋轉 $\theta$ 角的話，

就會變成

向量 $\begin{pmatrix} -x_2\sin\theta \\ x_2\cos\theta \end{pmatrix}$

向量 $\begin{pmatrix} x_1\cos\theta \\ x_1\sin\theta \end{pmatrix}$

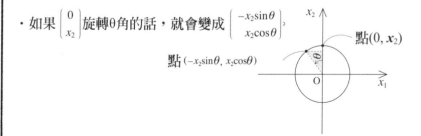

$$\begin{pmatrix} x_1\cos\theta \\ x_1\sin\theta \end{pmatrix} + \begin{pmatrix} -x_2\sin\theta \\ x_2\cos\theta \end{pmatrix} = \begin{pmatrix} x_1\cos\theta-x_2\sin\theta \\ x_1\sin\theta+x_2\cos\theta \end{pmatrix}$$

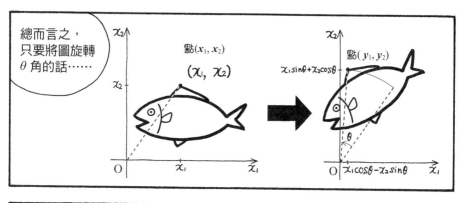

就會形成
這種關係。

$$\begin{pmatrix} y_1 \\ y_2 \end{pmatrix} = \begin{pmatrix} x_1 \cos\theta - x_2 \sin\theta \\ x_1 \sin\theta + x_2 \cos\theta \end{pmatrix}$$

$$= \begin{pmatrix} \cos\theta & -\sin\theta \\ \sin\theta & \cos\theta \end{pmatrix} \begin{pmatrix} x_1 \\ x_2 \end{pmatrix}$$

嗯嗯。

因此要將任意圖形旋轉 $\theta$ 角的話，只要運用「由二次方陣 $\begin{pmatrix} \cos\theta & -\sin\theta \\ \sin\theta & \cos\theta \end{pmatrix}$ 所決定，從 $\mathbf{R}^2$ 到 $\mathbf{R}^2$ 的線性映射 $f$」就可以。

這也是
對射耶！

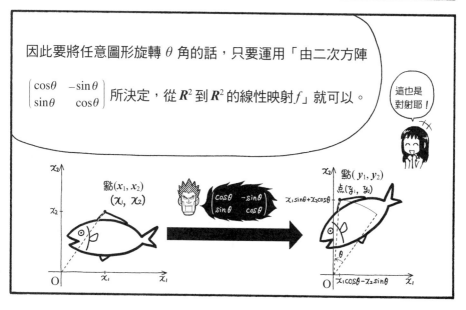

## 3.3 平行移動

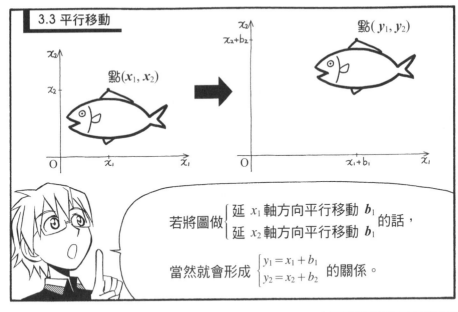

點 $(x_1, x_2)$ → 點 $(y_1, y_2)$

若將圖做 $\begin{cases} 延\ x_1\ 軸方向平行移動\ b_1 \\ 延\ x_2\ 軸方向平行移動\ b_1 \end{cases}$ 的話，

當然就會形成 $\begin{cases} y_1 = x_1 + b_1 \\ y_2 = x_2 + b_2 \end{cases}$ 的關係。

那麼，
要改寫成這樣吧？

$$\begin{pmatrix} y_1 \\ y_2 \end{pmatrix} = \begin{pmatrix} x_1 + b_1 \\ x_2 + b_2 \end{pmatrix}$$

$$= \begin{pmatrix} 1 & 0 \\ 0 & 1 \end{pmatrix}\begin{pmatrix} x_1 \\ x_2 \end{pmatrix} + \begin{pmatrix} b_1 \\ b_2 \end{pmatrix}$$

對呀。

然後它也
可以改寫成
這樣。

$$\begin{pmatrix} y_1 \\ y_2 \\ 1 \end{pmatrix} = \begin{pmatrix} x_1 + b_1 \\ x_2 + b_2 \\ 1 \end{pmatrix}$$

$$= \begin{pmatrix} 1 & 0 & b_1 \\ 0 & 1 & b_2 \\ 0 & 0 & 1 \end{pmatrix}\begin{pmatrix} x_1 \\ x_2 \\ 1 \end{pmatrix}$$

嗯，對呀。

?

因此這表示說，要對任意圖形做 $\begin{cases} \text{延 } x_1 \text{ 軸方向平行移動 } b_1 \\ \text{延 } x_2 \text{ 軸方向平行移動 } b_1 \end{cases}$ 的話，

只要運用「由三次方陣 $\begin{bmatrix} 1 & 0 & b_1 \\ 0 & 1 & b_2 \\ 0 & 0 & 1 \end{bmatrix}$ 所決定，

從 $R^3$ 到 $R^3$ 的線性映射 $f$」就可以。

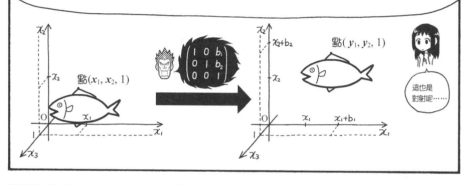

這也是對射呢……

請等一下！
這不是在談二維的圖形嗎，怎麼會出現 $x_3$ 軸呢？

這好像就是剛剛那個奇怪的改寫？

就是這個！

展開

$y = a x$

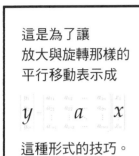

這是為了讓
放大與旋轉那樣的
平行移動表示成

$$y = \begin{pmatrix} & & & \\ & a & & \\ & & & \end{pmatrix} x$$

這種形式的技巧。

電腦繪圖的原理
就是這樣。

哇～

實際上
放大與旋轉……

其實也是應用了
這種線性映射。

真是複雜呀。

|  | 平常計算時的線性映射 | 應用在電腦繪圖中的線性映射 |
|---|---|---|
| 放　大 | $\begin{pmatrix} y_1 \\ y_2 \end{pmatrix} = \begin{pmatrix} \alpha & 0 \\ 0 & \beta \end{pmatrix} \begin{pmatrix} x_1 \\ x_2 \end{pmatrix}$ | $\begin{pmatrix} y_1 \\ y_2 \\ 1 \end{pmatrix} = \begin{pmatrix} \alpha & 0 & 0 \\ 0 & \beta & 0 \\ 0 & 0 & 1 \end{pmatrix} \begin{pmatrix} x_1 \\ x_2 \\ 1 \end{pmatrix}$ |
| 旋　轉 | $\begin{pmatrix} y_1 \\ y_2 \end{pmatrix} = \begin{pmatrix} \cos\theta & -\sin\theta \\ \sin\theta & \cos\theta \end{pmatrix} \begin{pmatrix} x_1 \\ x_2 \end{pmatrix}$ | $\begin{pmatrix} y_1 \\ y_2 \\ 1 \end{pmatrix} = \begin{pmatrix} \cos\theta & -\sin\theta & 0 \\ \sin\theta & \cos\theta & 0 \\ 0 & 0 & 1 \end{pmatrix} \begin{pmatrix} x_1 \\ x_2 \\ 1 \end{pmatrix}$ |
| 平行移動 | $\begin{pmatrix} y_1 \\ y_2 \end{pmatrix} = \begin{pmatrix} 1 & 0 \\ 0 & 1 \end{pmatrix} \begin{pmatrix} x_1 \\ x_2 \end{pmatrix} + \begin{pmatrix} b_1 \\ b_2 \end{pmatrix}$ <br>※這項不是線性映射。 | $\begin{pmatrix} y_1 \\ y_2 \\ 1 \end{pmatrix} = \begin{pmatrix} 1 & 0 & b_1 \\ 0 & 1 & b_2 \\ 0 & 0 & 1 \end{pmatrix} \begin{pmatrix} x_1 \\ x_2 \\ 1 \end{pmatrix}$ |

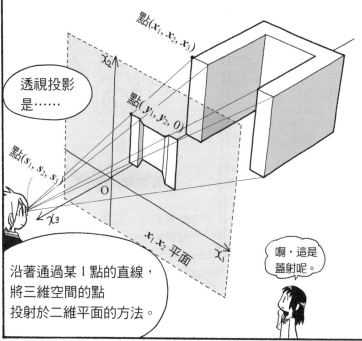

點$(x_1, x_2, x_3)$

**3.4 透視投影**

透視投影
是……

最後是
透視投影。

點$(y_1, y_2, 0)$

點$(s_1, s_2, s_3)$

$\chi_2$

$\chi_3$

O

$\chi_1$

$x_1, x_2$ 平面

啊,這是
蓋射呢。

沿著通過某1點的直線,
將三維空間的點
投射於二維平面的方法。

當想將任意圖形
做透視投影時
……

整個過程十分繁雜,
因此細節
我們就省略了……

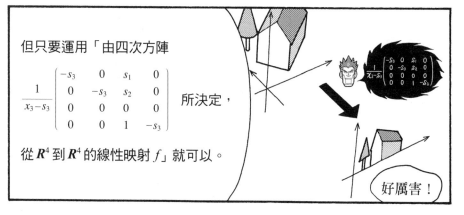

但只要運用「由四次方陣

$$\frac{1}{x_3-s_3}\begin{pmatrix} -s_3 & 0 & s_1 & 0 \\ 0 & -s_3 & s_2 & 0 \\ 0 & 0 & 0 & 0 \\ 0 & 0 & 1 & -s_3 \end{pmatrix}$$ 所決定,

從 $R^4$ 到 $R^4$ 的線性映射 $f$」就可以。

好厲害!

嗯，大致上是這樣子。

這應用真是不少呢～

今天就講到這裡。

下次就是最後一堂課「固有值與固有向量」了！

已經到最後一堂課啦？

還剩最後一點點，加油吧！

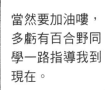

當然要加油嘍，多虧有百合野同學一路指導我到現在。

微笑

百合野同學也要加油唷！

啊

我說比賽呀。

妳都知道啊？

我聽我大哥說了。

嘰

雖然現在是死馬當活馬醫，但我等一下還要自己去做練習啦。

我幫你加油！

努力練習的
百合野同學，

臉紅

這、
謝謝妳！

我覺得真是
太帥氣了！

我一定會
加油的！

$$\begin{pmatrix} y_1 \\ y_2 \\ \vdots \\ y_m \end{pmatrix} = \begin{pmatrix} a_{11} & a_{12} & \cdots & a_{1n} \\ a_{21} & a_{22} & \cdots & a_{2n} \\ \vdots & \vdots & \ddots & \vdots \\ a_{m1} & a_{m2} & \cdots & a_{mn} \end{pmatrix} \begin{pmatrix} x_1 \\ x_2 \\ \vdots \\ x_n \end{pmatrix}$$ 可以改寫成

$$\begin{pmatrix} y_1 \\ y_2 \\ \vdots \\ y_m \end{pmatrix} = \begin{pmatrix} a_{11} & a_{12} & \cdots & a_{1n} \\ a_{21} & a_{22} & \cdots & a_{2n} \\ \vdots & \vdots & \ddots & \vdots \\ a_{m1} & a_{m2} & \cdots & a_{mn} \end{pmatrix} \begin{pmatrix} x_1 \\ x_2 \\ \vdots \\ x_n \end{pmatrix}$$

$$= \begin{pmatrix} a_{11} & a_{12} & \cdots & a_{1n} \\ a_{21} & a_{22} & \cdots & a_{2n} \\ \vdots & \vdots & \ddots & \vdots \\ a_{m1} & a_{m2} & \cdots & a_{mn} \end{pmatrix} \left[ x_1 \begin{pmatrix} 1 \\ 0 \\ \vdots \\ 0 \end{pmatrix} + x_2 \begin{pmatrix} 0 \\ 1 \\ \vdots \\ 0 \end{pmatrix} + \cdots + x_n \begin{pmatrix} 0 \\ 0 \\ \vdots \\ 1 \end{pmatrix} \right]$$

$$= x_1 \begin{pmatrix} a_{11} \\ a_{21} \\ \vdots \\ a_{m1} \end{pmatrix} + x_2 \begin{pmatrix} a_{12} \\ a_{22} \\ \vdots \\ a_{m2} \end{pmatrix} + \cdots + x_n \begin{pmatrix} a_{1n} \\ a_{2n} \\ \vdots \\ a_{mn} \end{pmatrix}$$

請記得這個寫法,再進入這一節的內容。另外在這一節的映射 $f$ 是指

「由 $m \times n$ 矩陣 $\begin{pmatrix} a_{11} & a_{12} & \cdots & a_{1n} \\ a_{21} & a_{22} & \cdots & a_{2n} \\ \vdots & \vdots & \ddots & \vdots \\ a_{m1} & a_{m2} & \cdots & a_{mn} \end{pmatrix}$ 所決定,從 $R^n$ 到 $R^m$ 的線性映射」。

我們將各個像都爲零向量的元素集合，

$$\left\{ \begin{pmatrix} x_1 \\ x_2 \\ \vdots \\ x_n \end{pmatrix} \middle\| \begin{pmatrix} 0 \\ 0 \\ \vdots \\ 0 \end{pmatrix} = \begin{pmatrix} a_{11} & a_{12} & \cdots & a_{1n} \\ a_{21} & a_{22} & \cdots & a_{2n} \\ \vdots & \vdots & \ddots & \vdots \\ a_{m1} & a_{m2} & \cdots & a_{mn} \end{pmatrix} \begin{pmatrix} x_1 \\ x_2 \\ \vdots \\ x_n \end{pmatrix} \right\}$$ 也就是集合，

稱爲「映射 $f$ 的**核**」。一般寫做 $\mathrm{Ker}\,f$。

爲了呼應「映射 $f$ 的核」這種稱呼，有時我們把「映射 $f$ 的值域」，

也就是集合 $\left\{ \begin{pmatrix} y_1 \\ y_2 \\ \vdots \\ y_m \end{pmatrix} \middle\| \begin{pmatrix} y_1 \\ y_2 \\ \vdots \\ y_m \end{pmatrix} = \begin{pmatrix} a_{11} & a_{12} & \cdots & a_{1n} \\ a_{21} & a_{22} & \cdots & a_{2n} \\ \vdots & \vdots & \ddots & \vdots \\ a_{m1} & a_{m2} & \cdots & a_{mn} \end{pmatrix} \begin{pmatrix} x_1 \\ x_2 \\ \vdots \\ x_n \end{pmatrix} \right\}$ ，

稱爲「映射 $f$ 的**像空間**」。一般寫做 $\mathrm{Im}\,f$。

$\mathrm{Ker}\,f$ 是 $\boldsymbol{R}^n$ 的子空間，$\mathrm{Im}\,f$ 則是 $\boldsymbol{R}^m$ 的子空間。$\dim\mathrm{Ker}\,f$ 與 $\dim\mathrm{Im}\,f$ 之間，有一個名叫**維度定理**（又稱爲**秩—零度定理**）

$$n - \dim\mathrm{Ker}\,f = \dim\mathrm{Im}\,f$$

的關係。

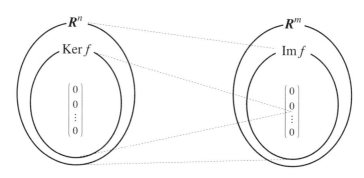

若映射 $f$ 為「由二次方陣 $\begin{pmatrix} 3 & 1 \\ 1 & 2 \end{pmatrix}$ 所決定，從 $R^1$ 到 $R^2$ 的線性映射」時核與

像空間為何？答案是：

$$\begin{cases} \ker f = \left\{ \begin{pmatrix} x_1 \\ x_2 \end{pmatrix} \middle| \begin{pmatrix} 0 \\ 0 \end{pmatrix} = \begin{pmatrix} 3 & 1 \\ 1 & 2 \end{pmatrix} \begin{pmatrix} x_1 \\ x_2 \end{pmatrix} \right\} = \left\{ \begin{pmatrix} x_1 \\ x_2 \end{pmatrix} \middle| \begin{pmatrix} 0 \\ 0 \end{pmatrix} = x_1 \begin{pmatrix} 3 \\ 1 \end{pmatrix} + x_2 \begin{pmatrix} 1 \\ 2 \end{pmatrix} \right\} = \left\{ \begin{pmatrix} 0 \\ 0 \end{pmatrix} \right\} \\ \operatorname{Im} f = \left\{ \begin{pmatrix} y_1 \\ y_2 \end{pmatrix} \middle| \begin{pmatrix} y_1 \\ y_2 \end{pmatrix} = \begin{pmatrix} 3 & 1 \\ 1 & 2 \end{pmatrix} \begin{pmatrix} x_1 \\ x_2 \end{pmatrix} \right\} = \left\{ \begin{pmatrix} y_1 \\ y_2 \end{pmatrix} \middle| \begin{pmatrix} y_1 \\ y_2 \end{pmatrix} = x_1 \begin{pmatrix} 3 \\ 1 \end{pmatrix} + x_2 \begin{pmatrix} 1 \\ 2 \end{pmatrix} \right\} = R^2 \end{cases}$$

另外 $\begin{cases} n = 2 \\ \dim \mathrm{Ker} f = 0 \\ \dim \mathrm{Im} f = 2 \end{cases}$ 。

若映射 $f$ 為「由二次方陣 $\begin{pmatrix} 3 & 6 \\ 1 & 2 \end{pmatrix}$ 所決定，從 $R^2$ 到 $R^2$ 的線性映射」時核與
像空間為何？答案是：

$$\begin{cases} \ker f = \left\{ \begin{pmatrix} x_1 \\ x_2 \end{pmatrix} \middle| \begin{pmatrix} 0 \\ 0 \end{pmatrix} = \begin{pmatrix} 3 & 6 \\ 1 & 2 \end{pmatrix} \begin{pmatrix} x_1 \\ x_2 \end{pmatrix} \right\} = \left\{ \begin{pmatrix} x_1 \\ x_2 \end{pmatrix} \middle| \begin{pmatrix} 0 \\ 0 \end{pmatrix} = [x_1 + 2x_2] \begin{pmatrix} 3 \\ 1 \end{pmatrix} \right\} \\ \qquad\quad = \left\{ c \begin{pmatrix} -2 \\ 1 \end{pmatrix} \middle| c \text{ 為任意實數} \right\} \\ \operatorname{Im} f = \left\{ \begin{pmatrix} y_1 \\ y_2 \end{pmatrix} \middle| \begin{pmatrix} y_1 \\ y_2 \end{pmatrix} = \begin{pmatrix} 3 & 6 \\ 1 & 2 \end{pmatrix} \begin{pmatrix} x_1 \\ x_2 \end{pmatrix} \right\} = \left\{ \begin{pmatrix} y_1 \\ y_2 \end{pmatrix} \middle| \begin{pmatrix} y_1 \\ y_2 \end{pmatrix} = [x_1 + 2x_2] \begin{pmatrix} 3 \\ 1 \end{pmatrix} \right\} \\ \qquad\quad = \left\{ c \begin{pmatrix} 3 \\ 1 \end{pmatrix} \middle| c \text{ 為任意實數} \right\} \end{cases}$$

另外 $\begin{cases} n = 2 \\ \dim \mathrm{Ker} f = 1 \\ \dim \mathrm{Im} f = 1 \end{cases}$ 。

若映射 $f$ 為「由 $3 \times 2$ 矩陣 $\begin{pmatrix} 1 & 0 \\ 0 & 1 \\ 0 & 0 \end{pmatrix}$ 所決定，從 $R^2$ 到 $R^3$ 的線性映射」時核

與像空間為何？答案是：

$$\begin{cases} \mathrm{ker}f = \left\{ \begin{pmatrix} x_1 \\ x_2 \end{pmatrix} \middle| \begin{pmatrix} 0 \\ 0 \\ 0 \end{pmatrix} = \begin{pmatrix} 1 & 0 \\ 0 & 1 \\ 0 & 0 \end{pmatrix} \begin{pmatrix} x_1 \\ x_2 \end{pmatrix} \right\} = \left\{ \begin{pmatrix} x_1 \\ x_2 \end{pmatrix} \middle| \begin{pmatrix} 0 \\ 0 \\ 0 \end{pmatrix} = x_1 \begin{pmatrix} 1 \\ 0 \\ 0 \end{pmatrix} + x_2 \begin{pmatrix} 0 \\ 1 \\ 0 \end{pmatrix} \right\} = \left\{ \begin{pmatrix} 0 \\ 0 \end{pmatrix} \right\} \\[3em] \mathrm{Im}f = \left\{ \begin{pmatrix} y_1 \\ y_2 \\ y_3 \end{pmatrix} \middle| \begin{pmatrix} y_1 \\ y_2 \\ y_3 \end{pmatrix} = \begin{pmatrix} 1 & 0 \\ 0 & 1 \\ 0 & 0 \end{pmatrix} \begin{pmatrix} x_1 \\ x_2 \end{pmatrix} \right\} = \left\{ \begin{pmatrix} y_1 \\ y_2 \\ y_3 \end{pmatrix} \middle| \begin{pmatrix} y_1 \\ y_2 \\ y_3 \end{pmatrix} = x_1 \begin{pmatrix} 1 \\ 0 \\ 0 \end{pmatrix} + x_2 \begin{pmatrix} 0 \\ 1 \\ 0 \end{pmatrix} \right\} \\[3em] \qquad\qquad = \left\{ c_1 \begin{pmatrix} 1 \\ 0 \\ 0 \end{pmatrix} + c_2 \begin{pmatrix} 0 \\ 1 \\ 0 \end{pmatrix} \middle| c \text{ 為任意實數} \right\} \end{cases}$$

另外 $\begin{cases} n & = 2 \\ \mathrm{dimKer}f & = 0 \\ \mathrm{dimIm}f & = 2 \end{cases}$ 。

若映射 $f$ 為「由 $2 \times 4$ 矩陣 $\begin{pmatrix} 1 & 0 & 3 & 1 \\ 0 & 1 & 1 & 2 \end{pmatrix}$ 所決定，從 $R^4$ 到 $R^2$ 的線性映射」

時會核與像空間為何？答案是：

$$
\ker f = \left\{ \begin{pmatrix} x_1 \\ x_2 \\ x_3 \\ x_4 \end{pmatrix} \middle| \begin{pmatrix} 0 \\ 0 \end{pmatrix} = \begin{pmatrix} 1 & 0 & 3 & 1 \\ 0 & 1 & 1 & 2 \end{pmatrix} \begin{pmatrix} x_1 \\ x_2 \\ x_3 \\ x_4 \end{pmatrix} \right\}
$$

$$
= \left\{ \begin{pmatrix} x_1 \\ x_2 \\ x_3 \\ x_4 \end{pmatrix} \middle| \begin{pmatrix} 0 \\ 0 \end{pmatrix} = x_1 \begin{pmatrix} 1 \\ 0 \end{pmatrix} + x_2 \begin{pmatrix} 0 \\ 1 \end{pmatrix} + x_3 \begin{pmatrix} 3 \\ 1 \end{pmatrix} + x_4 \begin{pmatrix} 1 \\ 2 \end{pmatrix} \right\}
$$

$$
= \left\{ \begin{pmatrix} x_1 \\ x_2 \\ x_3 \\ x_4 \end{pmatrix} \middle| x_1 + 3x_3 + x_4 = 0,\ x_2 + x_3 + 2x_4 = 0 \right\}
$$

$$
= \left\{ c_1 \begin{pmatrix} -3 \\ -1 \\ 1 \\ 0 \end{pmatrix} + c_2 \begin{pmatrix} -1 \\ -2 \\ 0 \\ 1 \end{pmatrix} \middle| c_1 與 c_2 為任意實數 \right\}
$$

$$
\mathrm{Im} f = \left\{ \begin{pmatrix} y_1 \\ y_2 \end{pmatrix} \middle| \begin{pmatrix} y_1 \\ y_2 \end{pmatrix} = \begin{pmatrix} 1 & 0 & 3 & 1 \\ 0 & 1 & 1 & 2 \end{pmatrix} \begin{pmatrix} x_1 \\ x_2 \\ x_3 \\ x_4 \end{pmatrix} \right\}
$$

$$
= \left\{ \begin{pmatrix} y_1 \\ y_2 \end{pmatrix} \middle| \begin{pmatrix} y_1 \\ y_2 \end{pmatrix} = x_1 \begin{pmatrix} 1 \\ 0 \end{pmatrix} + x_2 \begin{pmatrix} 0 \\ 1 \end{pmatrix} + x_3 \begin{pmatrix} 3 \\ 1 \end{pmatrix} + x_4 \begin{pmatrix} 1 \\ 2 \end{pmatrix} \right\} = R^2
$$

另外 $\begin{cases} n = 4 \\ \dim \ker f = 2 \\ \dim \mathrm{Im} f = 2 \end{cases}$ 。

# 5. 秩

$$
\begin{pmatrix} y_1 \\ y_2 \\ \vdots \\ y_m \end{pmatrix} = \begin{pmatrix} a_{11} & a_{12} & \cdots & a_{1n} \\ a_{21} & a_{22} & \cdots & a_{2n} \\ \vdots & \vdots & \ddots & \vdots \\ a_{m1} & a_{m2} & \cdots & a_{mn} \end{pmatrix} \begin{pmatrix} x_1 \\ x_2 \\ \vdots \\ x_n \end{pmatrix}
$$
可以改寫成

$$
\begin{pmatrix} y_1 \\ y_2 \\ \vdots \\ y_m \end{pmatrix} = \begin{pmatrix} a_{11} & a_{12} & \cdots & a_{1n} \\ a_{21} & a_{22} & \cdots & a_{2n} \\ \vdots & \vdots & \ddots & \vdots \\ a_{m1} & a_{m2} & \cdots & a_{mn} \end{pmatrix} \begin{pmatrix} x_1 \\ x_2 \\ \vdots \\ x_n \end{pmatrix}
$$

$$
= \begin{pmatrix} a_{11} & a_{12} & \cdots & a_{1n} \\ a_{21} & a_{22} & \cdots & a_{2n} \\ \vdots & \vdots & \ddots & \vdots \\ a_{m1} & a_{m2} & \cdots & a_{mn} \end{pmatrix} \left[ x_1 \begin{pmatrix} 1 \\ 0 \\ \vdots \\ 0 \end{pmatrix} + x_2 \begin{pmatrix} 0 \\ 1 \\ \vdots \\ 0 \end{pmatrix} + \cdots + x_n \begin{pmatrix} 0 \\ 0 \\ \vdots \\ 1 \end{pmatrix} \right]
$$

$$
= x_1 \begin{pmatrix} a_{11} \\ a_{21} \\ \vdots \\ a_{m1} \end{pmatrix} + x_2 \begin{pmatrix} a_{12} \\ a_{22} \\ \vdots \\ a_{m2} \end{pmatrix} + \cdots + x_n \begin{pmatrix} a_{1n} \\ a_{2n} \\ \vdots \\ a_{mn} \end{pmatrix}
$$

請記得這個寫法，再進入這一節的內容。另外在這一節的映射 $f$ 是指

「由 $m \times n$ 矩陣 $\begin{pmatrix} a_{11} & a_{12} & \cdots & a_{1n} \\ a_{21} & a_{22} & \cdots & a_{2n} \\ \vdots & \vdots & \ddots & \vdots \\ a_{m1} & a_{m2} & \cdots & a_{mn} \end{pmatrix}$ 所決定，從 $\boldsymbol{R}^n$ 到 $\boldsymbol{R}^m$ 的線性映射」。

## 5.1 秩

向量 $\begin{pmatrix} a_{11} \\ a_{21} \\ \vdots \\ a_{m1} \end{pmatrix}$、向量 $\begin{pmatrix} a_{12} \\ a_{22} \\ \vdots \\ a_{m2} \end{pmatrix}$、…及向量 $\begin{pmatrix} a_{1n} \\ a_{2n} \\ \vdots \\ a_{mn} \end{pmatrix}$ 當中線性獨立的向量個數，

也就是 $R^m$ 子空間 $\operatorname{Im} f$ 的維度，我們稱爲「$m \times n$ 矩陣 $\begin{pmatrix} a_{11} & a_{12} & \cdots & a_{1n} \\ a_{21} & a_{22} & \cdots & a_{2n} \\ \vdots & \vdots & \ddots & \vdots \\ a_{m1} & a_{m2} & \cdots & a_{mn} \end{pmatrix}$

的**秩**」。

$m \times n$ 矩陣 $\begin{pmatrix} a_{11} & a_{12} & \cdots & a_{1n} \\ a_{21} & a_{22} & \cdots & a_{2n} \\ \vdots & \vdots & \ddots & \vdots \\ a_{m1} & a_{m2} & \cdots & a_{mn} \end{pmatrix}$ 的秩，一般記爲 rank

$\begin{pmatrix} a_{11} & a_{12} & \cdots & a_{1n} \\ a_{21} & a_{22} & \cdots & a_{2n} \\ \vdots & \vdots & \ddots & \vdots \\ a_{m1} & a_{m2} & \cdots & a_{mn} \end{pmatrix}$。

**例 1**

一次聯立方程式 $\begin{cases} 3x_1 + 1x_2 = y_1 \\ 1x_1 + 2x_2 = y_2 \end{cases}$，也就是 $\begin{pmatrix} y_1 \\ y_2 \end{pmatrix} = \begin{pmatrix} 3x_1 + 1x_2 \\ 1x_1 + 2x_2 \end{pmatrix}$，可以改寫成

$$\begin{pmatrix} y_1 \\ y_2 \end{pmatrix} = \begin{pmatrix} 3x_1 + 1x_2 \\ 1x_1 + 2x_2 \end{pmatrix} = \begin{pmatrix} 3 & 1 \\ 1 & 2 \end{pmatrix}\begin{pmatrix} x_1 \\ x_2 \end{pmatrix} = x_1\begin{pmatrix} 3 \\ 1 \end{pmatrix} + x_2\begin{pmatrix} 1 \\ 2 \end{pmatrix}$$

我們從 139 頁與 141 頁可以知道，向量 $\begin{pmatrix} 3 \\ 1 \end{pmatrix}$ 與向量 $\begin{pmatrix} 1 \\ 2 \end{pmatrix}$ 呈線性獨立，因此

$$\operatorname{rank}\begin{pmatrix} 3 & 1 \\ 1 & 2 \end{pmatrix} = 2$$

另外 $\det\begin{pmatrix} 3 & 1 \\ 1 & 2 \end{pmatrix} = 3 \times 2 - 1 \times 1 = 5 \neq 0$

**例 2**

一次聯立方程式 $\begin{cases} 3x_1+6x_2=y_1 \\ 1x_1+2x_2=y_2 \end{cases}$，也就是 $\begin{pmatrix} y_1 \\ y_2 \end{pmatrix} = \begin{pmatrix} 3x_1+6x_2 \\ 1x_1+2x_2 \end{pmatrix} \begin{smallmatrix} \vdots 2 \\ \vdots 2 \end{smallmatrix}$，可以改寫成

$$\begin{pmatrix} y_1 \\ y_2 \end{pmatrix} = \begin{pmatrix} 3x_1+6x_2 \\ 1x_1+2x_2 \end{pmatrix} = \begin{pmatrix} 3 & 6 \\ 1 & 2 \end{pmatrix}\begin{pmatrix} x_1 \\ x_2 \end{pmatrix} = [x_1+2x_2]\begin{pmatrix} 3 \\ 1 \end{pmatrix}$$

因此

$$\mathrm{rank}\begin{pmatrix} 3 & 6 \\ 1 & 2 \end{pmatrix} = 1$$

另外 $\det\begin{pmatrix} 3 & 6 \\ 1 & 2 \end{pmatrix} = 3 \times 2 - 6 \times 1 = 0$

一次聯立方程式 $\begin{cases} 1x_1+0x_2=y_1 \\ 0x_1+1x_2=y_2 \\ 0x_1+0x_2=y_3 \end{cases}$ 也就是 $\begin{pmatrix} y_1 \\ y_2 \\ y_3 \end{pmatrix} = \begin{pmatrix} 1x_1+0x_2 \\ 0x_1+1x_2 \\ 0x_1+0x_2 \end{pmatrix}$，可以改寫成

$$\begin{pmatrix} y_1 \\ y_2 \\ y_3 \end{pmatrix} = \begin{pmatrix} 1x_1+0x_2 \\ 0x_1+1x_2 \\ 0x_1+0x_2 \end{pmatrix} = \begin{pmatrix} 1 & 0 \\ 0 & 1 \\ 0 & 0 \end{pmatrix}\begin{pmatrix} x_1 \\ x_2 \end{pmatrix} = x_1\begin{pmatrix} 1 \\ 0 \\ 0 \end{pmatrix} + x_2\begin{pmatrix} 0 \\ 1 \\ 0 \end{pmatrix}$$

根據 143 頁可以驗證，向量 $\begin{pmatrix} 1 \\ 0 \\ 0 \end{pmatrix}$ 與向量 $\begin{pmatrix} 0 \\ 1 \\ 0 \end{pmatrix}$ 呈線性獨立，因此

$$\text{rank}\begin{pmatrix} 1 & 0 \\ 0 & 1 \\ 0 & 0 \end{pmatrix} = 2$$

另外這個一次聯立方程式可以改寫成

$$\begin{pmatrix} y_1 \\ y_2 \\ y_3 \end{pmatrix} = \begin{pmatrix} 1x_1+0x_2 \\ 0x_1+1x_2 \\ 0x_1+0x_2 \end{pmatrix} = \begin{pmatrix} 1 & 0 & 0 \\ 0 & 1 & 0 \\ 0 & 0 & 0 \end{pmatrix}\begin{pmatrix} x_1 \\ x_2 \\ x_3 \end{pmatrix}$$

根據 105 頁我們可以想到，$\det\begin{pmatrix} 1 & 0 & 0 \\ 0 & 1 & 0 \\ 0 & 0 & 0 \end{pmatrix} = 0$ 。

**例 4**

一次聯立方程式 $\begin{cases} 1x_1 + 0x_2 + 3x_3 + 1x_4 = y_1 \\ 0x_1 + 1x_2 + 1x_3 + 2x_4 = y_2 \end{cases}$ 也就是 $\begin{pmatrix} y_1 \\ y_2 \end{pmatrix} = \begin{pmatrix} 1x_1 + 0x_2 + 3x_3 + 1x_4 \\ 0x_1 + 1x_2 + 1x_3 + 2x_4 \end{pmatrix}$ ,

可以改寫成 $\begin{pmatrix} y_1 \\ y_2 \end{pmatrix} = \begin{pmatrix} 1x_1 + 0x_2 + 3x_3 + 1x_4 \\ 0x_1 + 1x_2 + 1x_3 + 2x_4 \end{pmatrix} = \begin{pmatrix} 1 & 0 & 3 & 1 \\ 0 & 1 & 1 & 2 \end{pmatrix} \begin{pmatrix} x_1 \\ x_2 \\ x_3 \\ x_4 \end{pmatrix}$

$$= x_1 \begin{pmatrix} 1 \\ 0 \end{pmatrix} + x_2 \begin{pmatrix} 0 \\ 1 \end{pmatrix} + x_3 \begin{pmatrix} 3 \\ 1 \end{pmatrix} + x_4 \begin{pmatrix} 1 \\ 2 \end{pmatrix}$$

正如 211 頁所述,

$$\text{rank} \begin{pmatrix} 1 & 0 & 3 & 1 \\ 0 & 1 & 1 & 2 \end{pmatrix} = 2$$

另外這個一次聯立方程式可以改寫成

$$\begin{pmatrix} y_1 \\ y_2 \\ y_3 \\ y_4 \end{pmatrix} = \begin{pmatrix} 1x_1 + 0x_2 + 3x_3 + 1x_4 \\ 0x_1 + 1x_2 + 1x_3 + 2x_4 \\ 0 \\ 0 \end{pmatrix} = \begin{pmatrix} 1 & 0 & 3 & 1 \\ 0 & 1 & 1 & 2 \\ 0 & 0 & 0 & 0 \\ 0 & 0 & 0 & 0 \end{pmatrix} \begin{pmatrix} x_1 \\ x_2 \\ x_3 \\ x_4 \end{pmatrix}$$

根據 105 頁我們可以想到, $\det \begin{pmatrix} 1 & 0 & 3 & 1 \\ 0 & 1 & 1 & 2 \\ 0 & 0 & 0 & 0 \\ 0 & 0 & 0 & 0 \end{pmatrix} = 0$ 。

---

從以上四個例子我們可以得出下列關係:

$$\det \begin{pmatrix} a_{11} & a_{12} & \ldots & a_{1n} \\ a_{21} & a_{22} & \cdots & a_{2n} \\ \vdots & \vdots & \ddots & \vdots \\ a_{n1} & a_{n2} & \ldots & a_{nn} \end{pmatrix} = 0 \iff \text{rank} \begin{pmatrix} a_{11} & a_{12} & \ldots & a_{1n} \\ a_{21} & a_{22} & \cdots & a_{2n} \\ \vdots & \vdots & \ddots & \vdots \\ a_{n1} & a_{n2} & \ldots & a_{nn} \end{pmatrix} \neq n$$

## 5.2 如何求秩

秩可以根據

· 專心注視目標矩陣，用感覺判斷。
· 仔細計算

這兩種方式來求。

乍看之下，你可能會覺得前者很可笑，但在目標矩陣中行數與列數都

很少的時候用了絕無壞處。比如說三次方陣 $\begin{pmatrix} 1 & 4 & 4 \\ 2 & 5 & 8 \\ 3 & 6 & 12 \end{pmatrix}$ 的秩為 2、

$3 \times 2$ 矩陣 $\begin{pmatrix} 1 & 0 \\ 0 & 3 \\ 0 & 5 \end{pmatrix}$ 的秩也為 2，甚至你都不用觀察很久，看到矩陣的瞬間就

可以判斷了。

但前者這種方法也有它的極限，至少在考試時是沒有辦法抄捷徑的。
我們這裡就來解說後者的方法。

我們會透過具體的例子來解釋，並且以下的程序會依照
「 ❓思考 → ✏️思考 → ❗問題 」來進行。

### ❓問題

請求出以下所示的 $2 \times 4$ 矩陣的秩。

$$\begin{pmatrix} 1 & 0 & 3 & 1 \\ 0 & 1 & 1 & 2 \end{pmatrix}$$

### ✏️解答

$m \times n$ 矩陣 $\begin{pmatrix} a_{11} & a_{12} & \cdots & a_{1n} \\ a_{21} & a_{22} & \cdots & a_{2n} \\ \vdots & \vdots & \ddots & \vdots \\ a_{m1} & a_{m2} & \cdots & a_{mn} \end{pmatrix}$，存在著以下四種事實：

**事實 1**

將一非奇異矩陣 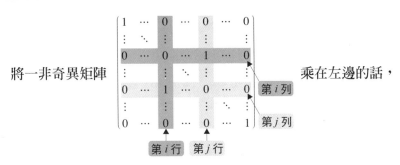 乘在左邊的話，

就會使原本的矩陣第 $i$ 列與第 $j$ 列交換；若乘在右邊的話，就會使矩陣第 $i$ 行與第 $j$ 行交換。

■ 例 1（第 1 列與第 4 列交換）

$$\begin{pmatrix} 0 & 0 & 0 & 1 \\ 0 & 1 & 0 & 0 \\ 0 & 0 & 1 & 0 \\ 1 & 0 & 0 & 0 \end{pmatrix} \begin{pmatrix} a_{11} & a_{12} & a_{13} \\ a_{21} & a_{22} & a_{23} \\ a_{31} & a_{32} & a_{33} \\ a_{41} & a_{42} & a_{43} \end{pmatrix}$$

$$= \begin{pmatrix} 0 \times a_{11} + 0 \times a_{21} + 0 \times a_{31} + 1 \times a_{41} & 0 \times a_{12} + 0 \times a_{22} + 0 \times a_{32} + 1 \times a_{42} & 0 \times a_{13} + 0 \times a_{23} + 0 \times a_{33} + 1 \times a_{43} \\ 0 \times a_{11} + 1 \times a_{21} + 0 \times a_{31} + 0 \times a_{41} & 0 \times a_{12} + 1 \times a_{22} + 0 \times a_{32} + 0 \times a_{42} & 0 \times a_{13} + 1 \times a_{23} + 0 \times a_{33} + 0 \times a_{43} \\ 0 \times a_{11} + 0 \times a_{21} + 1 \times a_{31} + 0 \times a_{41} & 0 \times a_{12} + 0 \times a_{22} + 1 \times a_{32} + 0 \times a_{42} & 0 \times a_{13} + 0 \times a_{23} + 1 \times a_{33} + 0 \times a_{43} \\ 1 \times a_{11} + 0 \times a_{21} + 0 \times a_{31} + 0 \times a_{41} & 1 \times a_{12} + 0 \times a_{22} + 0 \times a_{32} + 0 \times a_{42} & 1 \times a_{13} + 0 \times a_{23} + 0 \times a_{33} + 0 \times a_{43} \end{pmatrix}$$

$$= \begin{pmatrix} a_{41} & a_{42} & a_{43} \\ a_{21} & a_{22} & a_{23} \\ a_{31} & a_{32} & a_{33} \\ a_{11} & a_{12} & a_{13} \end{pmatrix}$$

■ 例2（第1行與第3行交換）

$$\begin{pmatrix} a_{11} & a_{12} & a_{13} \\ a_{21} & a_{22} & a_{23} \\ a_{31} & a_{32} & a_{33} \\ a_{41} & a_{42} & a_{43} \end{pmatrix} \begin{pmatrix} 0 & 0 & 1 \\ 0 & 1 & 0 \\ 1 & 0 & 0 \end{pmatrix}$$

$$= \begin{pmatrix} a_{11}\times0+a_{12}\times0+a_{13}\times1 & a_{11}\times0+a_{12}\times1+a_{13}\times0 & a_{11}\times1+a_{12}\times0+a_{13}\times0 \\ a_{21}\times0+a_{22}\times0+a_{23}\times1 & a_{21}\times0+a_{22}\times1+a_{23}\times0 & a_{21}\times1+a_{22}\times0+a_{23}\times0 \\ a_{31}\times0+a_{32}\times0+a_{33}\times1 & a_{31}\times0+a_{32}\times1+a_{33}\times0 & a_{31}\times1+a_{32}\times0+a_{33}\times0 \\ a_{41}\times0+a_{42}\times0+a_{43}\times1 & a_{41}\times0+a_{42}\times1+a_{43}\times0 & a_{41}\times1+a_{42}\times0+a_{43}\times0 \end{pmatrix}$$

$$= \begin{pmatrix} a_{13} & a_{12} & a_{11} \\ a_{23} & a_{22} & a_{21} \\ a_{33} & a_{32} & a_{31} \\ a_{43} & a_{42} & a_{41} \end{pmatrix}$$

事實2

將一非奇異矩陣 $\begin{pmatrix} 1 & \cdots & 0 & \cdots & 0 \\ \vdots & \ddots & \vdots & & \vdots \\ 0 & \cdots & k & \cdots & 0 \\ \vdots & & \vdots & \ddots & \vdots \\ 0 & \cdots & 0 & \cdots & 1 \end{pmatrix}$ 乘在左邊的話，就會使原本的矩陣

第 $j$ 列

第 $i$ 行

第 $i$ 行變為 $k$ 倍；若乘在右邊的話，就會使矩陣第 $i$ 行變為 $k$ 倍。

■ 例 1（第 3 列變為 $k$ 倍）

$$\begin{pmatrix} 1 & 0 & 0 & 0 \\ 0 & 1 & 0 & 0 \\ 0 & 0 & k & 0 \\ 0 & 0 & 0 & 1 \end{pmatrix} \begin{pmatrix} a_{11} & a_{12} & a_{13} \\ a_{21} & a_{22} & a_{23} \\ a_{31} & a_{32} & a_{33} \\ a_{41} & a_{42} & a_{43} \end{pmatrix}$$

$$= \begin{pmatrix} 1 \times a_{11} + 0 \times a_{21} + 0 \times a_{31} + 0 \times a_{41} & 1 \times a_{12} + 0 \times a_{22} + 0 \times a_{32} + 0 \times a_{42} & 1 \times a_{13} + 0 \times a_{23} + 0 \times a_{33} + 0 \times a_{43} \\ 0 \times a_{11} + 1 \times a_{21} + 0 \times a_{31} + 0 \times a_{41} & 0 \times a_{12} + 1 \times a_{22} + 0 \times a_{32} + 0 \times a_{42} & 0 \times a_{13} + 1 \times a_{23} + 0 \times a_{33} + 0 \times a_{43} \\ 0 \times a_{11} + 0 \times a_{21} + k \times a_{31} + 0 \times a_{41} & 0 \times a_{12} + 0 \times a_{22} + k \times a_{32} + 0 \times a_{42} & 0 \times a_{13} + 0 \times a_{23} + k \times a_{33} + 0 \times a_{43} \\ 0 \times a_{11} + 0 \times a_{21} + 0 \times a_{31} + 1 \times a_{41} & 0 \times a_{12} + 0 \times a_{22} + 0 \times a_{32} + 1 \times a_{42} & 0 \times a_{13} + 0 \times a_{23} + 0 \times a_{33} + 1 \times a_{43} \end{pmatrix}$$

$$= \begin{pmatrix} a_{11} & a_{12} & a_{13} \\ a_{21} & a_{22} & a_{23} \\ ka_{31} & ka_{32} & ka_{33} \\ a_{41} & a_{42} & a_{43} \end{pmatrix}$$

■ 例 2（第 2 行變為 $k$ 倍）

$$\begin{pmatrix} a_{11} & a_{12} & a_{13} \\ a_{21} & a_{22} & a_{23} \\ a_{31} & a_{32} & a_{33} \\ a_{41} & a_{42} & a_{43} \end{pmatrix} \begin{pmatrix} 1 & 0 & 0 \\ 0 & k & 0 \\ 0 & 0 & 1 \end{pmatrix}$$

$$= \begin{pmatrix} a_{11} \times 1 + a_{12} \times 0 + a_{13} \times 0 & a_{11} \times 0 + a_{12} \times k + a_{13} \times 0 & a_{11} \times 0 + a_{12} \times 0 + a_{13} \times 1 \\ a_{21} \times 1 + a_{22} \times 0 + a_{23} \times 0 & a_{21} \times 0 + a_{22} \times k + a_{23} \times 0 & a_{21} \times 0 + a_{22} \times 0 + a_{23} \times 1 \\ a_{31} \times 1 + a_{32} \times 0 + a_{33} \times 0 & a_{31} \times 0 + a_{32} \times k + a_{33} \times 0 & a_{31} \times 0 + a_{32} \times 0 + a_{33} \times 1 \\ a_{41} \times 1 + a_{42} \times 0 + a_{43} \times 0 & a_{41} \times 0 + a_{42} \times k + a_{43} \times 0 & a_{41} \times 0 + a_{42} \times 0 + a_{43} \times 1 \end{pmatrix}$$

$$= \begin{pmatrix} a_{11} & ka_{12} & a_{13} \\ a_{21} & ka_{22} & a_{23} \\ a_{31} & ka_{32} & a_{33} \\ a_{41} & ka_{42} & a_{43} \end{pmatrix}$$

**事實 3**

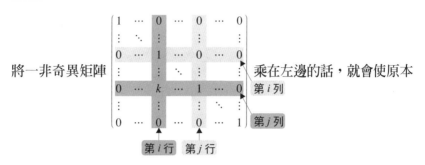

將一非奇異矩陣　　　　　　　　　　乘在左邊的話，就會使原本

的矩陣第 $j$ 列加上「第 $i$ 列的 $k$ 倍」；若乘在右邊的話，就會使矩陣第 $i$ 行加上「第 $j$ 行的 $k$ 倍」。

■ 例 1（第 4 列加上「第 2 列的 $k$ 倍」）

$$\begin{pmatrix} 1 & 0 & 0 & 0 \\ 0 & 1 & 0 & 0 \\ 0 & 0 & 1 & 0 \\ 0 & k & 0 & 1 \end{pmatrix}\begin{pmatrix} a_{11} & a_{12} & a_{13} \\ a_{21} & a_{22} & a_{23} \\ a_{31} & a_{32} & a_{33} \\ a_{41} & a_{42} & a_{43} \end{pmatrix}$$

$$= \begin{pmatrix} 1{\times}a_{11}{+}0{\times}a_{21}{+}0{\times}a_{31}{+}0{\times}a_{41} & 1{\times}a_{12}{+}0{\times}a_{22}{+}0{\times}a_{32}{+}0{\times}a_{42} & 1{\times}a_{13}{+}0{\times}a_{23}{+}0{\times}a_{33}{+}0{\times}a_{43} \\ 0{\times}a_{11}{+}1{\times}a_{21}{+}0{\times}a_{31}{+}0{\times}a_{41} & 0{\times}a_{12}{+}1{\times}a_{22}{+}0{\times}a_{32}{+}0{\times}a_{42} & 0{\times}a_{13}{+}1{\times}a_{23}{+}0{\times}a_{33}{+}0{\times}a_{43} \\ 0{\times}a_{11}{+}0{\times}a_{21}{+}1{\times}a_{31}{+}0{\times}a_{41} & 0{\times}a_{12}{+}0{\times}a_{22}{+}1{\times}a_{32}{+}0{\times}a_{42} & 0{\times}a_{13}{+}0{\times}a_{23}{+}1{\times}a_{33}{+}0{\times}a_{43} \\ 0{\times}a_{11}{+}k{\times}a_{21}{+}0{\times}a_{31}{+}1{\times}a_{41} & 0{\times}a_{12}{+}k{\times}a_{22}{+}0{\times}a_{32}{+}1{\times}a_{42} & 0{\times}a_{13}{+}k{\times}a_{23}{+}0{\times}a_{33}{+}1{\times}a_{43} \end{pmatrix}$$

$$= \begin{pmatrix} a_{11} & a_{12} & a_{13} \\ a_{21} & a_{22} & a_{23} \\ a_{31} & a_{32} & a_{33} \\ a_{41}{+}ka_{21} & a_{42}{+}ka_{22} & a_{43}{+}ka_{23} \end{pmatrix}$$

## ■ 例 2（第 1 行加上「第 3 行的 $k$ 倍」）

$$\begin{pmatrix} a_{11} & a_{12} & a_{13} \\ a_{21} & a_{22} & a_{23} \\ a_{31} & a_{32} & a_{33} \\ a_{41} & a_{42} & a_{43} \end{pmatrix} \begin{pmatrix} 1 & 0 & 0 \\ 0 & 1 & 0 \\ k & 0 & 1 \end{pmatrix}$$

$$= \begin{pmatrix} a_{11}\times1 + a_{12}\times0 + a_{13}\times k & a_{11}\times0 + a_{12}\times1 + a_{13}\times0 & a_{11}\times0 + a_{12}\times0 + a_{13}\times1 \\ a_{21}\times1 + a_{22}\times0 + a_{23}\times k & a_{21}\times0 + a_{22}\times1 + a_{23}\times0 & a_{21}\times0 + a_{22}\times0 + a_{23}\times1 \\ a_{31}\times1 + a_{32}\times0 + a_{33}\times k & a_{31}\times0 + a_{32}\times1 + a_{33}\times0 & a_{31}\times0 + a_{32}\times0 + a_{33}\times1 \\ a_{41}\times1 + a_{42}\times0 + a_{43}\times k & a_{41}\times0 + a_{42}\times1 + a_{43}\times0 & a_{41}\times0 + a_{42}\times0 + a_{43}\times1 \end{pmatrix}$$

$$= \begin{pmatrix} a_{11} + ka_{13} & a_{12} & a_{13} \\ a_{21} + ka_{23} & a_{22} & a_{23} \\ a_{31} + ka_{33} & a_{32} & a_{33} \\ a_{41} + ka_{43} & a_{42} & a_{43} \end{pmatrix}$$

〔事實 4〕

以下所示三種矩陣的秩均相等。

· $m \times n$ 矩陣 $\begin{pmatrix} a_{11} & a_{12} & \cdots & a_{1n} \\ a_{21} & a_{22} & \cdots & a_{2n} \\ \vdots & \vdots & \ddots & \vdots \\ a_{m1} & a_{m2} & \cdots & a_{mn} \end{pmatrix}$

· 為 $m$ 次非奇異矩陣乘積的 $m \times n$ 矩陣

$$\begin{pmatrix} b_{11} & b_{12} & \cdots & b_{1m} \\ b_{21} & b_{22} & \cdots & b_{2m} \\ \vdots & \vdots & \ddots & \vdots \\ b_{m1} & b_{m2} & \cdots & b_{mm} \end{pmatrix} \begin{pmatrix} a_{11} & a_{12} & \cdots & a_{1n} \\ a_{21} & a_{22} & \cdots & a_{2n} \\ \vdots & \vdots & \ddots & \vdots \\ a_{m1} & a_{m2} & \cdots & a_{mn} \end{pmatrix}$$

· 為 $n$ 次非奇異矩陣乘積的 $m \times n$ 矩陣

$$\begin{pmatrix} a_{11} & a_{12} & \cdots & a_{1n} \\ a_{21} & a_{22} & \cdots & a_{2n} \\ \vdots & \vdots & \ddots & \vdots \\ a_{m1} & a_{m2} & \cdots & a_{mn} \end{pmatrix} \begin{pmatrix} c_{11} & c_{12} & \cdots & c_{1n} \\ c_{21} & c_{22} & \cdots & c_{2n} \\ \vdots & \vdots & \ddots & \vdots \\ c_{n1} & c_{n2} & \cdots & c_{nn} \end{pmatrix}$$

下表所紀錄的是將 $2 \times 4$ 矩陣 $\begin{pmatrix} 1 & 0 & 3 & 1 \\ 0 & 1 & 1 & 2 \end{pmatrix}$ 加工以求出秩的過程。

$$\begin{pmatrix} 1 & 0 & 3 & 1 \\ 0 & 1 & 1 & 2 \end{pmatrix}$$

接下來，將第 3 行加上「第 2 行的（−1）倍」。

⬇

$$\begin{pmatrix} 1 & 0 & 3 & 1 \\ 0 & 1 & 1 & 2 \end{pmatrix} \begin{pmatrix} 1 & 0 & 0 & 0 \\ 0 & 1 & -1 & 0 \\ 0 & 0 & 1 & 0 \\ 0 & 0 & 0 & 1 \end{pmatrix} = \begin{pmatrix} 1 & 0 & 3 & 1 \\ 0 & 1 & 0 & 2 \end{pmatrix}$$

接下來，將第 4 行加上「第 1 行的（−1）倍」。

⬇

$$\begin{pmatrix} 1 & 0 & 3 & 1 \\ 0 & 1 & 0 & 2 \end{pmatrix} \begin{pmatrix} 1 & 0 & 0 & -1 \\ 0 & 1 & 0 & 0 \\ 0 & 0 & 1 & 0 \\ 0 & 0 & 0 & 1 \end{pmatrix} = \begin{pmatrix} 1 & 0 & 3 & 0 \\ 0 & 1 & 0 & 2 \end{pmatrix}$$

接下來，將第 3 行加上「第 1 行的（−3）倍」。

⬇

$$\begin{pmatrix} 1 & 0 & 3 & 0 \\ 0 & 1 & 0 & 2 \end{pmatrix} \begin{pmatrix} 1 & 0 & -3 & 0 \\ 0 & 1 & 0 & 0 \\ 0 & 0 & 1 & 0 \\ 0 & 0 & 0 & 1 \end{pmatrix} = \begin{pmatrix} 1 & 0 & 0 & 0 \\ 0 & 1 & 0 & 2 \end{pmatrix}$$

接下來，將第 4 行加上「第 2 行的（−2）倍」。

⬇

$$\begin{pmatrix} 1 & 0 & 0 & 0 \\ 0 & 1 & 0 & 2 \end{pmatrix} \begin{pmatrix} 1 & 0 & 0 & 0 \\ 0 & 1 & 0 & -2 \\ 0 & 0 & 1 & 0 \\ 0 & 0 & 0 & 1 \end{pmatrix} = \begin{pmatrix} 1 & 0 & 0 & 0 \\ 0 & 1 & 0 & 0 \end{pmatrix}$$

由於 $\begin{pmatrix} 1 & 0 & 0 & 0 \\ 0 & 1 & -1 & 0 \\ 0 & 0 & 1 & 0 \\ 0 & 0 & 0 & 1 \end{pmatrix}$、$\begin{pmatrix} 1 & 0 & 0 & -1 \\ 0 & 1 & 0 & 0 \\ 0 & 0 & 1 & 0 \\ 0 & 0 & 0 & 1 \end{pmatrix}$、$\begin{pmatrix} 1 & 0 & -3 & 0 \\ 0 & 1 & 0 & 0 \\ 0 & 0 & 1 & 0 \\ 0 & 0 & 0 & 1 \end{pmatrix}$ 及

$\begin{pmatrix} 1 & 0 & 0 & 0 \\ 0 & 1 & 0 & -2 \\ 0 & 0 & 1 & 0 \\ 0 & 0 & 0 & 1 \end{pmatrix}$ 都是非奇異矩陣，因此 $2 \times 4$ 矩陣 $\begin{pmatrix} 1 & 0 & 3 & 1 \\ 0 & 1 & 1 & 2 \end{pmatrix}$ 與

$2 \times 4$ 矩陣 $\begin{pmatrix} 1 & 0 & 0 & 0 \\ 0 & 1 & 0 & 0 \end{pmatrix}$ 的秩是相等的。而在向量 $\begin{pmatrix} 1 \\ 0 \end{pmatrix}$、向量 $\begin{pmatrix} 0 \\ 1 \end{pmatrix}$、向量 $\begin{pmatrix} 0 \\ 0 \end{pmatrix}$

及向量 $\begin{pmatrix} 0 \\ 0 \end{pmatrix}$ 之中，線性獨立的向量只有 $\begin{pmatrix} 1 \\ 0 \end{pmatrix}$ 及 $\begin{pmatrix} 0 \\ 1 \end{pmatrix}$ 兩個，因此 $2 \times 4$ 矩陣

$\begin{pmatrix} 1 & 0 & 0 & 0 \\ 0 & 1 & 0 & 0 \end{pmatrix}$ 的秩為 2，$2 \times 4$ 矩陣 $\begin{pmatrix} 1 & 0 & 3 & 1 \\ 0 & 1 & 1 & 2 \end{pmatrix}$ 的秩也為 2。

## 6. 線性映射與矩陣的關係

在第 174 頁中談到線性映射與矩陣的關係時，我們曾經說

「若 $f$ 為從 $R^n$ 到 $R^m$ 的線性映射的話，

$f$ 就等同於 $m \times n$ 矩陣 $\begin{pmatrix} a_{11} & a_{12} & \cdots & a_{1n} \\ a_{21} & a_{22} & \cdots & a_{2n} \\ \vdots & \vdots & \ddots & \vdots \\ a_{m1} & a_{m2} & \cdots & a_{mn} \end{pmatrix}$」。

實際上這個說明是考慮讀者便於理解，它其實還滿曖昧的。嚴格來說，線性映射與矩陣的關係應該如下：

---

**線性映射與矩陣的關係**

設 $\begin{pmatrix} x_1 \\ x_2 \\ \vdots \\ x_n \end{pmatrix}$ 為 $R^n$ 的任意元素。$f$ 為從 $R^n$ 到 $R^m$ 的映射。

$f$ 為從 $R^n$ 到 $R^m$ 的線性映射 $\Leftrightarrow f\left( \begin{pmatrix} x_1 \\ x_2 \\ \vdots \\ x_n \end{pmatrix} \right) = \begin{pmatrix} a_{11} & a_{12} & \cdots & a_{1n} \\ a_{21} & a_{22} & \cdots & a_{2n} \\ \vdots & \vdots & \ddots & \vdots \\ a_{m1} & a_{m2} & \cdots & a_{mn} \end{pmatrix} \begin{pmatrix} x_1 \\ x_2 \\ \vdots \\ x_n \end{pmatrix}$

是成立的。

---

第 **8** 章
# 固有值與固有向量

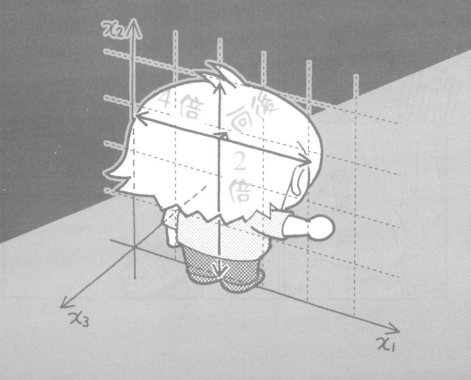

214

215

216

今天是最後一堂課，

我們要學**固有值**與**固有向量**。

這是另一個主題吧！

固有值與固有向量的知識在物理學與統計學中都很有用。

| 基礎 | 基礎知識 | |
|---|---|---|
| 準備 | 矩陣 | 向量 |
| | 線性映射 | 固有值與固有向量 |

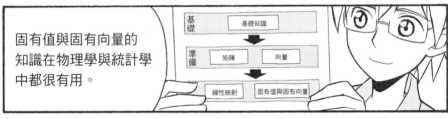

而且它在求這個的時候也很有用。

$$\begin{pmatrix} a_{11} & a_{12} & \cdots & a_{1n} \\ a_{21} & a_{22} & \cdots & a_{2n} \\ \vdots & \vdots & \ddots & \vdots \\ a_{n1} & a_{n2} & \cdots & a_{nn} \end{pmatrix}^{p}$$

$n$ 次方陣的 $p$ 次方嗎？

我們就以讓美紗能理解為目標來做解說吧！

請多指教。

# 1. 固有值與固有向量

首先我這裡有二個問題要請妳做做看。

好。

第一題。根據

「由二次方陣 $\begin{pmatrix} 8 & -3 \\ 2 & 1 \end{pmatrix}$ 所決定的線性映射 $f$」

$c_1\begin{pmatrix} 3 \\ 1 \end{pmatrix} + c_2\begin{pmatrix} 1 \\ 2 \end{pmatrix}$ 的像為何?

$c_1$ 與 $c_2$ 都是實數

嗯……

$$\begin{pmatrix} 8 & -3 \\ 2 & 1 \end{pmatrix}\left[c_1\begin{pmatrix} 3 \\ 1 \end{pmatrix} + c_2\begin{pmatrix} 1 \\ 2 \end{pmatrix}\right]$$

$$= c_1\begin{pmatrix} 8 & -3 \\ 2 & 1 \end{pmatrix}\begin{pmatrix} 3 \\ 1 \end{pmatrix} + c_2\begin{pmatrix} 8 & -3 \\ 2 & 1 \end{pmatrix}\begin{pmatrix} 1 \\ 2 \end{pmatrix}$$

$$= c_1\begin{pmatrix} 8\times3+(-3)\times1 \\ 2\times3+1\times1 \end{pmatrix} + c_2\begin{pmatrix} 8\times1+(-3)\times2 \\ 2\times1+1\times2 \end{pmatrix}$$

$$= c_1\begin{pmatrix} 21 \\ 7 \end{pmatrix} + c_2\begin{pmatrix} 2 \\ 4 \end{pmatrix}$$

應該是這樣吧?

還差一點!

這樣嗎?

$$= c_1\begin{pmatrix} 21 \\ 7 \end{pmatrix} + c_2\begin{pmatrix} 2 \\ 4 \end{pmatrix}$$

$$= c_1\left[7\begin{pmatrix} 3 \\ 1 \end{pmatrix}\right] + c_2\left[2\begin{pmatrix} 1 \\ 2 \end{pmatrix}\right]$$

答對了!

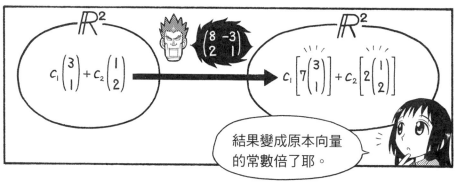

結果變成原本向量的常數倍了耶。

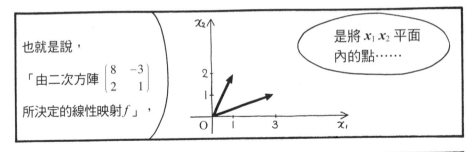

也就是說，

「由二次方陣 $\begin{bmatrix} 8 & -3 \\ 2 & 1 \end{bmatrix}$

所決定的線性映射 $f$」，

是將 $x_1\,x_2$ 平面
內的點⋯⋯

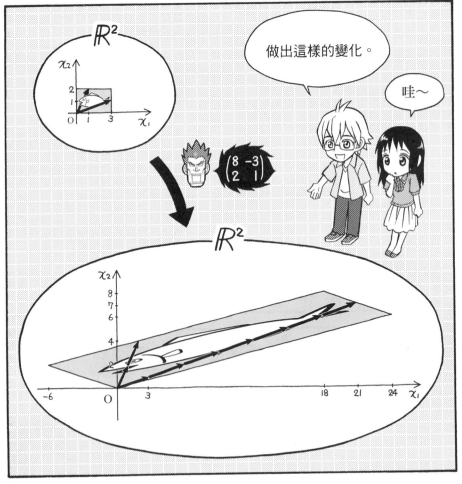

做出這樣的變化。

哇～

第二題。根據「由三次方陣 $\begin{pmatrix} 4 & 0 & 0 \\ 0 & 2 & 0 \\ 0 & 0 & -1 \end{pmatrix}$ 所決定

的線性映射 $f$」，$c_1\begin{pmatrix} 1 \\ 0 \\ 0 \end{pmatrix} + c_2\begin{pmatrix} 0 \\ 1 \\ 0 \end{pmatrix} + c_3\begin{pmatrix} 0 \\ 0 \\ 1 \end{pmatrix}$ 的像為何？

嗯……

$c_1$、$c_2$ 與 $c_3$ 都是實數

$$\begin{pmatrix} 4 & 0 & 0 \\ 0 & 2 & 0 \\ 0 & 0 & -1 \end{pmatrix}\left[ c_1\begin{pmatrix} 1 \\ 0 \\ 0 \end{pmatrix} + c_2\begin{pmatrix} 0 \\ 1 \\ 0 \end{pmatrix} + c_3\begin{pmatrix} 0 \\ 0 \\ 1 \end{pmatrix} \right]$$

$$= c_1\begin{pmatrix} 4 & 0 & 0 \\ 0 & 2 & 0 \\ 0 & 0 & -1 \end{pmatrix}\begin{pmatrix} 1 \\ 0 \\ 0 \end{pmatrix} + c_2\begin{pmatrix} 4 & 0 & 0 \\ 0 & 2 & 0 \\ 0 & 0 & -1 \end{pmatrix}\begin{pmatrix} 0 \\ 1 \\ 0 \end{pmatrix} + c_3\begin{pmatrix} 4 & 0 & 0 \\ 0 & 2 & 0 \\ 0 & 0 & -1 \end{pmatrix}\begin{pmatrix} 0 \\ 0 \\ 1 \end{pmatrix}$$

$$= c_1\begin{pmatrix} 4 \\ 0 \\ 0 \end{pmatrix} + c_2\begin{pmatrix} 0 \\ 2 \\ 0 \end{pmatrix} + c_3\begin{pmatrix} 0 \\ 0 \\ -1 \end{pmatrix}$$

$$= c_1\left[ 4\begin{pmatrix} 1 \\ 0 \\ 0 \end{pmatrix} \right] + c_2\left[ 2\begin{pmatrix} 0 \\ 1 \\ 0 \end{pmatrix} \right] + c_3\left[ -\begin{pmatrix} 0 \\ 0 \\ 1 \end{pmatrix} \right]$$

這樣子吧？

沒錯！

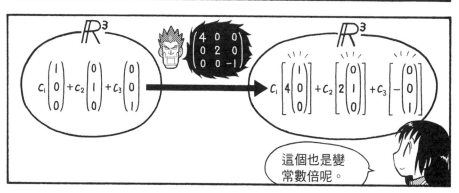

$\mathbb{R}^3$    $\begin{pmatrix} 4 & 0 & 0 \\ 0 & 2 & 0 \\ 0 & 0 & -1 \end{pmatrix}$    $\mathbb{R}^3$

$c_1\begin{pmatrix} 1 \\ 0 \\ 0 \end{pmatrix} + c_2\begin{pmatrix} 0 \\ 1 \\ 0 \end{pmatrix} + c_3\begin{pmatrix} 0 \\ 0 \\ 1 \end{pmatrix}$

$c_1\left[ 4\begin{pmatrix} 1 \\ 0 \\ 0 \end{pmatrix} \right] + c_2\left[ 2\begin{pmatrix} 0 \\ 1 \\ 0 \end{pmatrix} \right] + c_3\left[ -\begin{pmatrix} 0 \\ 0 \\ 1 \end{pmatrix} \right]$

這個也是變
常數倍呢。

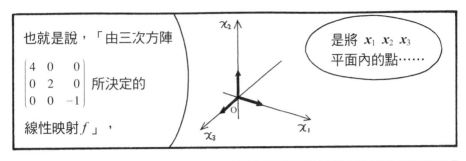

也就是說，「由三次方陣

$$\begin{pmatrix} 4 & 0 & 0 \\ 0 & 2 & 0 \\ 0 & 0 & -1 \end{pmatrix}$$ 所決定的

線性映射 $f$」，

是將 $x_1$ $x_2$ $x_3$
平面內的點……

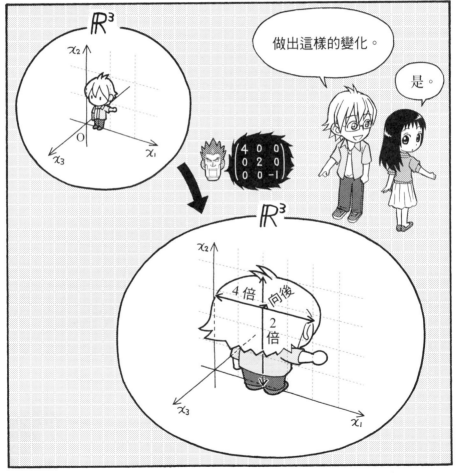

做出這樣的變化。

是。

讓妳久等了。

這就是固有值與固有向量的定義。

## 固有值與固有向量

根據「由 $n$ 次方陣 $\begin{pmatrix} a_{11} & a_{12} & \cdots & a_{1n} \\ a_{21} & a_{22} & \cdots & a_{2n} \\ \vdots & \vdots & \ddots & \vdots \\ a_{n1} & a_{n2} & \cdots & a_{nn} \end{pmatrix}$ 所決定的線性映射 $f$」所得到向量 $\begin{pmatrix} x_1 \\ x_2 \\ \vdots \\ x_n \end{pmatrix}$

的像若為 $\lambda \begin{pmatrix} x_1 \\ x_2 \\ \vdots \\ x_n \end{pmatrix}$，則稱 $\lambda$ 為「$n$ 次方陣 $\begin{pmatrix} a_{11} & a_{12} & \cdots & a_{1n} \\ a_{21} & a_{22} & \cdots & a_{2n} \\ \vdots & \vdots & \ddots & \vdots \\ a_{n1} & a_{n2} & \cdots & a_{nn} \end{pmatrix}$ 的**固有值**」。

$\begin{pmatrix} x_1 \\ x_2 \\ \vdots \\ x_n \end{pmatrix}$ 則稱為「**對應固有值 $\lambda$ 的固有向量**」。另外零向量不能被解釋為固有向量。

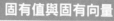

剛才的例子就是這樣吧？ 沒錯。

| 矩陣 | $\begin{pmatrix} 8 & -3 \\ 2 & 1 \end{pmatrix}$ | $\begin{pmatrix} 4 & 0 & 0 \\ 0 & 2 & 0 \\ 0 & 0 & -1 \end{pmatrix}$ |
|---|---|---|
| 固有值 | $\lambda = 7, 2$ | $\lambda = 4, 2, -1$ |
| 固有向量 | $\lambda = 7$ 對應的是 $\begin{pmatrix} 3 \\ 1 \end{pmatrix}$ <br><br> $\lambda = 2$ 對應的是 $\begin{pmatrix} 1 \\ 2 \end{pmatrix}$ | $\lambda = 4$ 對應的是 $\begin{pmatrix} 1 \\ 0 \\ 0 \end{pmatrix}$ <br> $\lambda = 2$ 對應的是 $\begin{pmatrix} 0 \\ 1 \\ 0 \end{pmatrix}$ <br> $\lambda = -1$ 對應的是 $\begin{pmatrix} 0 \\ 0 \\ 1 \end{pmatrix}$ |

另外 $n$ 次方陣的固有值與固有向量，基本上可以求出 $n$ 個種類。

哇～

就像這樣子。

我來解說一下如何求 $n$ 次方陣

$$\begin{pmatrix} a_{11} & a_{12} & \cdots & a_{1n} \\ a_{21} & a_{22} & \cdots & a_{2n} \\ \vdots & \vdots & \ddots & \vdots \\ a_{n1} & a_{n2} & \cdots & a_{nn} \end{pmatrix}$$

的固有值 $\lambda$ 與固有向量 $\begin{pmatrix} x_1 \\ x_2 \\ \vdots \\ x_n \end{pmatrix}$。

我們就用三次方陣 $\begin{pmatrix} 8 & -3 \\ 2 & 1 \end{pmatrix}$ 來做做看。

老師請說。

固有值與行列式，

有這麼一種關係。

### 固有值與行列式的關係

$\lambda$ 為 $n$ 次方陣 $\begin{pmatrix} a_{11} & a_{12} & \cdots & a_{1n} \\ a_{21} & a_{22} & \cdots & a_{2n} \\ \vdots & \vdots & \ddots & \vdots \\ a_{n1} & a_{n2} & \cdots & a_{nn} \end{pmatrix}$ 的固有值 $\Leftrightarrow$ $\det \begin{pmatrix} a_{11}-\lambda & a_{12} & \cdots & a_{1n} \\ a_{21} & a_{22}-\lambda & \cdots & a_{2n} \\ \vdots & \vdots & \ddots & \vdots \\ a_{n1} & a_{n2} & \cdots & a_{nn}-\lambda \end{pmatrix} = 0$

固有值 $\lambda$ 的求法很單純。只要用這個稱為**固有方程式**就可以解出來了。

$$\det\begin{pmatrix} a_{11}-\lambda & a_{12} & \cdots & a_{1n} \\ a_{21} & a_{22}-\lambda & \cdots & a_{2n} \\ \vdots & \vdots & \ddots & \vdots \\ a_{n1} & a_{n2} & \cdots & a_{nn}-\lambda \end{pmatrix}=0$$

它的解就是固有值。

請試著解解看。

嗯……

$$\det\begin{pmatrix} 8-\lambda & -3 \\ 2 & 1-\lambda \end{pmatrix} = (8-\lambda)\times(1-\lambda)-(-3)\times 2$$

$$= (\lambda-8)\times(\lambda-1)-(-3)\times 2$$

$$= \lambda^2 - 9\lambda + 8 + 6$$

$$= \lambda^2 - 9\lambda + 14$$

$$= (\lambda-7)(\lambda-2) = 0$$

$$\lambda = 7, 2$$

是這樣吧？

固有值是 7 與 2！

答對了！

固有向量 $\begin{pmatrix} x_1 \\ x_2 \end{pmatrix}$ 的求法也很單純，只要把剛剛求出

的固有值代入 $\begin{pmatrix} 8 & -3 \\ 2 & 1 \end{pmatrix}\begin{pmatrix} x_1 \\ x_2 \end{pmatrix} = \lambda \begin{pmatrix} x_1 \\ x_2 \end{pmatrix}$ 也就是

$\begin{pmatrix} 8-\lambda & -3 \\ 2 & 1-\lambda \end{pmatrix}\begin{pmatrix} x_1 \\ x_2 \end{pmatrix} = \begin{pmatrix} 0 \\ 0 \end{pmatrix}$ 再整理一下就好。

■ **對應 $\lambda = 7$ 的固有向量**

將固有值代入整理後得到

$$\begin{pmatrix} 8-7 & -3 \\ 2 & 1-7 \end{pmatrix}\begin{pmatrix} x_1 \\ x_2 \end{pmatrix} = \begin{pmatrix} 1 & -3 \\ 2 & -6 \end{pmatrix}\begin{pmatrix} x_1 \\ x_2 \end{pmatrix} = \begin{pmatrix} x_1 -3x_2 \\ 2x_1 -6x_2 \end{pmatrix} = [x_1 -3x_2]\begin{pmatrix} 1 \\ 2 \end{pmatrix} = \begin{pmatrix} 0 \\ 0 \end{pmatrix}$$

則我們知道 $x_1 = 3x_2$。因此固有向量為 $\begin{pmatrix} x_1 \\ x_2 \end{pmatrix}$

$$\begin{pmatrix} x_1 \\ x_2 \end{pmatrix} = \begin{pmatrix} 3c_1 \\ c_1 \end{pmatrix} = c_1 \begin{pmatrix} 3 \\ 1 \end{pmatrix}$$

另外 $c_1$ 為 0 以外的任意實數。

■ **對應 $\lambda = 2$ 的固有向量**

將固有值代入整理後得到

$$\begin{pmatrix} 8-2 & -3 \\ 2 & 1-2 \end{pmatrix}\begin{pmatrix} x_1 \\ x_2 \end{pmatrix} = \begin{pmatrix} 6 & -3 \\ 2 & -1 \end{pmatrix}\begin{pmatrix} x_1 \\ x_2 \end{pmatrix} = \begin{pmatrix} 6x_1 -3x_2 \\ 2x_1 - x_2 \end{pmatrix} = [2x_1 -x_2]\begin{pmatrix} 3 \\ 1 \end{pmatrix} = \begin{pmatrix} 0 \\ 0 \end{pmatrix}$$

則我們知道 $x_2 = 2x_1$。因此固有向量為 $\begin{pmatrix} x_1 \\ x_2 \end{pmatrix}$

$$\begin{pmatrix} x_1 \\ x_2 \end{pmatrix} = \begin{pmatrix} c_2 \\ 2c_2 \end{pmatrix} = c_2 \begin{pmatrix} 1 \\ 2 \end{pmatrix}$$

另外 $c_2$ 為 0 以外的任意實數。

接下來就要解說今天課程的目標：如何求 $n$ 次方陣的 $p$ 次方。

$$\begin{pmatrix} a_{11} & a_{12} & \cdots & a_{1n} \\ a_{21} & a_{22} & \cdots & a_{2n} \\ \vdots & \vdots & \ddots & \vdots \\ a_{n1} & a_{n2} & \cdots & a_{nn} \end{pmatrix}^p$$

剛剛我們已經求出二次方陣 $\begin{pmatrix} 8 & -3 \\ 2 & 1 \end{pmatrix}$ 的固有值 $\lambda$ 與固有向量 $\begin{pmatrix} x_1 \\ x_2 \end{pmatrix}$ 了。

現在我們將這些結果整理回原本的式子裡。

$$\begin{pmatrix} 8 & -3 \\ 2 & 1 \end{pmatrix}\begin{pmatrix} x_1 \\ x_2 \end{pmatrix} = \lambda\begin{pmatrix} x_1 \\ x_2 \end{pmatrix}$$

$$\begin{pmatrix} 8 & -3 \\ 2 & 1 \end{pmatrix}\begin{pmatrix} 3 \\ 1 \end{pmatrix} = 7\begin{pmatrix} 3 \\ 1 \end{pmatrix} = \begin{pmatrix} 3\times 7 \\ 1\times 7 \end{pmatrix}$$
$$\begin{pmatrix} 8 & -3 \\ 2 & 1 \end{pmatrix}\begin{pmatrix} 1 \\ 2 \end{pmatrix} = 2\begin{pmatrix} 1 \\ 2 \end{pmatrix} = \begin{pmatrix} 1\times 2 \\ 2\times 2 \end{pmatrix}$$

請參照前一頁。
為了方便 $c_1$ 及 $c_2$ 都設為 1。

$$\begin{pmatrix} 8 & -3 \\ 2 & 1 \end{pmatrix}\begin{pmatrix} 3 & 1 \\ 1 & 2 \end{pmatrix} = \begin{pmatrix} 3\times 7 & 1\times 2 \\ 1\times 7 & 2\times 2 \end{pmatrix}$$

上面二個式子加總。

$$= \begin{pmatrix} 3 & 1 \\ 1 & 2 \end{pmatrix}\begin{pmatrix} 7 & 0 \\ 0 & 2 \end{pmatrix}$$

將前面式子的兩邊在右邊 $\begin{pmatrix} 3 & 1 \\ 1 & 2 \end{pmatrix}^{-1}$ 同乘。根據 97 頁 $\begin{pmatrix} 3 & 1 \\ 1 & 2 \end{pmatrix}^{-1}$ 可以確定是存在的。

$$\begin{pmatrix} 8 & -3 \\ 2 & 1 \end{pmatrix}\begin{pmatrix} 3 & 1 \\ 1 & 2 \end{pmatrix}\begin{pmatrix} 3 & 1 \\ 1 & 2 \end{pmatrix}^{-1} = \begin{pmatrix} 3 & 1 \\ 1 & 2 \end{pmatrix}\begin{pmatrix} 7 & 0 \\ 0 & 2 \end{pmatrix}\begin{pmatrix} 3 & 1 \\ 1 & 2 \end{pmatrix}^{-1}$$

$$\begin{pmatrix} 8 & -3 \\ 2 & 1 \end{pmatrix} = \begin{pmatrix} 3 & 1 \\ 1 & 2 \end{pmatrix}\begin{pmatrix} 7 & 0 \\ 0 & 2 \end{pmatrix}\begin{pmatrix} 3 & 1 \\ 1 & 2 \end{pmatrix}^{-1}$$

嗯嗯。

請以這個式子為例，求出 $\begin{pmatrix} 8 & -3 \\ 2 & 1 \end{pmatrix}^2$。

嗯……

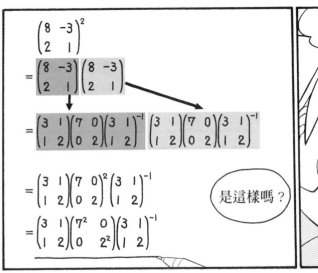

$$\begin{pmatrix} 8 & -3 \\ 2 & 1 \end{pmatrix}^2$$

$$= \begin{pmatrix} 8 & -3 \\ 2 & 1 \end{pmatrix}\begin{pmatrix} 8 & -3 \\ 2 & 1 \end{pmatrix}$$

$$= \begin{pmatrix} 3 & 1 \\ 1 & 2 \end{pmatrix}\begin{pmatrix} 7 & 0 \\ 0 & 2 \end{pmatrix}\begin{pmatrix} 3 & 1 \\ 1 & 2 \end{pmatrix}^{-1}\begin{pmatrix} 3 & 1 \\ 1 & 2 \end{pmatrix}\begin{pmatrix} 7 & 0 \\ 0 & 2 \end{pmatrix}\begin{pmatrix} 3 & 1 \\ 1 & 2 \end{pmatrix}^{-1}$$

$$= \begin{pmatrix} 3 & 1 \\ 1 & 2 \end{pmatrix}\begin{pmatrix} 7 & 0 \\ 0 & 2 \end{pmatrix}^2\begin{pmatrix} 3 & 1 \\ 1 & 2 \end{pmatrix}^{-1}$$

$$= \begin{pmatrix} 3 & 1 \\ 1 & 2 \end{pmatrix}\begin{pmatrix} 7^2 & 0 \\ 0 & 2^2 \end{pmatrix}\begin{pmatrix} 3 & 1 \\ 1 & 2 \end{pmatrix}^{-1}$$

是這樣嗎？

答對了！

太棒了！

根據前面計算的結果，應該可以推想出這個結果吧？

$$\begin{pmatrix} 8 & -3 \\ 2 & 1 \end{pmatrix}^P = \begin{pmatrix} 3 & 1 \\ 1 & 2 \end{pmatrix}\begin{pmatrix} 7^P & 0 \\ 0 & 2^P \end{pmatrix}\begin{pmatrix} 3 & 1 \\ 1 & 2 \end{pmatrix}^{-1}$$

嗯。

總結來說，$n$ 次方陣的 $p$ 次方就是這樣子！

對應固有值 $\lambda_1$ 的固有向量

$$\begin{pmatrix} a_{11} & a_{12} & \cdots & a_{1n} \\ a_{21} & a_{22} & \cdots & a_{2n} \\ \vdots & \vdots & \ddots & \vdots \\ a_{n1} & a_{n2} & \cdots & a_{nn} \end{pmatrix}^p = \begin{pmatrix} x_{11} & x_{12} & \cdots & x_{1n} \\ x_{21} & x_{22} & \cdots & x_{2n} \\ \vdots & \vdots & \ddots & \vdots \\ x_{n1} & x_{n2} & \cdots & x_{nn} \end{pmatrix} \begin{pmatrix} \lambda_1^p & 0 & \cdots & 0 \\ 0 & \lambda_2^p & \cdots & 0 \\ \vdots & \vdots & \ddots & \vdots \\ 0 & 0 & \cdots & \lambda_n^p \end{pmatrix} \begin{pmatrix} x_{11} & x_{12} & \cdots & x_{1n} \\ x_{21} & x_{22} & \cdots & x_{2n} \\ \vdots & \vdots & \ddots & \vdots \\ x_{n1} & x_{n2} & \cdots & x_{nn} \end{pmatrix}^{-1}$$

對應固有值 $\lambda_2$ 的固有向量

對應固有值 $\lambda_n$ 的固有向量

原來如此！

另外，

將這個式子整理為 $p=1$ 來求解，我們稱為

「$n$ 次方陣 $\begin{pmatrix} a_{11} & a_{12} & \cdots & a_{1n} \\ a_{21} & a_{22} & \cdots & a_{2n} \\ \vdots & \vdots & \ddots & \vdots \\ a_{n1} & a_{n2} & \cdots & a_{nn} \end{pmatrix}$ 的**對角化**」。

$$\begin{pmatrix} x_{11} & x_{12} & \cdots & x_{1n} \\ x_{21} & x_{22} & \cdots & x_{2n} \\ \vdots & \vdots & \ddots & \vdots \\ x_{n1} & x_{n2} & \cdots & x_{nn} \end{pmatrix}^{-1} \begin{pmatrix} a_{11} & a_{12} & \cdots & a_{1n} \\ a_{21} & a_{22} & \cdots & a_{2n} \\ \vdots & \vdots & \ddots & \vdots \\ a_{n1} & a_{n2} & \cdots & a_{nn} \end{pmatrix} \begin{pmatrix} x_{11} & x_{12} & \cdots & x_{1n} \\ x_{21} & x_{22} & \cdots & x_{2n} \\ \vdots & \vdots & \ddots & \vdots \\ x_{n1} & x_{n2} & \cdots & x_{nn} \end{pmatrix} = \begin{pmatrix} \lambda_1 & 0 & \cdots & 0 \\ 0 & \lambda_2 & \cdots & 0 \\ \vdots & \vdots & \ddots & \vdots \\ 0 & 0 & \cdots & \lambda_n \end{pmatrix}$$

注意看，整理後右邊只剩下由固有值構成的對角矩陣！

辛苦了！

是！

到這裡我的課程就全部結束了！

怎麼樣？是不是對線性代數已經有一個概念了呢？

嗯，多虧百合野同學的教導。

太好了！

你每天練習得這麼累還要指導我，

真是謝謝你。

那裡，我也很高興有妳的便當與鼓勵，

謝謝妳。

呵呵，以後不用上課，實在有點寂寞呢。

那我們下次要不要一起出去呢？

咦？

啊、那個……我是說我們可以去買線性代數的題庫……

嗯、妳覺得如何？

我很高興！

期待下次再碰面嘍！

231

# 4. 重根的存在與對角化

229 頁我們解說過，任何 $n$ 次方陣都一定可以表示為：

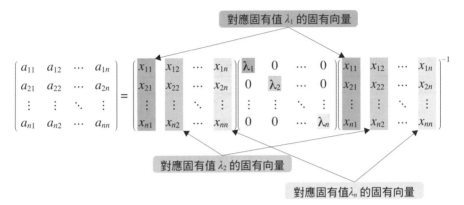

但實際上不會這麼單純。

能夠如此表示與否，與其固有方程式 $\det \begin{pmatrix} a_{11}-\lambda & a_{12} & \cdots & a_{1n} \\ a_{21} & a_{22}-\lambda & \cdots & a_{2n} \\ \vdots & \vdots & \ddots & \vdots \\ a_{n1} & a_{n2} & \cdots & a_{nn}-\lambda \end{pmatrix} = 0$

有無重根有關。只要它沒有重根，就一定可以這樣表示。若是重根存在的話，就不一定能夠這樣表示了。

前一節我們已經介紹過重根不存在時的情況。這一節則要介紹

- 重根存在時可以表示之例
- 重根存在時不能表示之例

## 4.1 重根存在時可以表示之例

**❓問題**

考慮一三次方陣 $\begin{pmatrix} 1 & 0 & 0 \\ 1 & 1 & -1 \\ -2 & 0 & 3 \end{pmatrix}$，

(1)請求出它的固有值與固有向量。

(2)請表示成 $\begin{pmatrix} x_{11} & x_{12} & x_{13} \\ x_{21} & x_{22} & x_{23} \\ x_{31} & x_{32} & x_{33} \end{pmatrix} \begin{pmatrix} \lambda_1 & 0 & 0 \\ 0 & \lambda_2 & 0 \\ 0 & 0 & \lambda_3 \end{pmatrix} \begin{pmatrix} x_{11} & x_{12} & x_{13} \\ x_{21} & x_{22} & x_{23} \\ x_{31} & x_{32} & x_{33} \end{pmatrix}^{-1}$ 的形式。

**❗解答**

(1) $\lambda$ 為三次方陣 $\begin{pmatrix} 1 & 0 & 0 \\ 1 & 1 & -1 \\ -2 & 0 & 3 \end{pmatrix}$ 之固有值。

$\lambda$ 是固有方程式 $\det \begin{pmatrix} 1-\lambda & 0 & 0 \\ 1 & 1-\lambda & -1 \\ -2 & 0 & 3-\lambda \end{pmatrix} = 0$ 的解，計算如下：

$$\det \begin{pmatrix} 1-\lambda & 0 & 0 \\ 1 & 1-\lambda & -1 \\ -2 & 0 & 3-\lambda \end{pmatrix}$$

$$= (1-\lambda)(1-\lambda)(3-\lambda) + 0 \times (-1) \times (-2) + 0 \times 1 \times 0$$

$$-0 \times (1-\lambda) \times (-2) - 0 \times 1 \times (3-\lambda) - (1-\lambda) \times (-1) \times 0$$

$$= (1-\lambda)^2(3-\lambda) = 0$$

$$\lambda = 3, 1$$

■ 對應 $\lambda = 3$ 的固有向量

將固有值代入 $\begin{pmatrix} 1 & 0 & 0 \\ 1 & 1 & -1 \\ -2 & 0 & 3 \end{pmatrix} \begin{pmatrix} x_1 \\ x_2 \\ x_3 \end{pmatrix} = \lambda \begin{pmatrix} x_1 \\ x_2 \\ x_3 \end{pmatrix}$ 整理，

也就是代入 $\begin{pmatrix} 1-\lambda & 0 & 0 \\ 1 & 1-\lambda & -1 \\ -2 & 0 & 3-\lambda \end{pmatrix} \begin{pmatrix} x_1 \\ x_2 \\ x_3 \end{pmatrix} = \begin{pmatrix} 0 \\ 0 \\ 0 \end{pmatrix}$ 整理之後，就變成

$$\begin{pmatrix} 1-3 & 0 & 0 \\ 1 & 1-3 & -1 \\ -2 & 0 & 3-3 \end{pmatrix} \begin{pmatrix} x_1 \\ x_2 \\ x_3 \end{pmatrix} = \begin{pmatrix} -2 & 0 & 0 \\ 1 & -2 & -1 \\ -2 & 0 & 0 \end{pmatrix} \begin{pmatrix} x_1 \\ x_2 \\ x_3 \end{pmatrix} = \begin{pmatrix} -2x_1 \\ x_1-2x_2-x_3 \\ -2x_1 \end{pmatrix} = \begin{pmatrix} 0 \\ 0 \\ 0 \end{pmatrix}$$

因此我們知道 $\begin{cases} x_1 = 0 \\ x_3 = -2x_2 \end{cases}$。所以固有向量 $\begin{pmatrix} x_1 \\ x_2 \\ x_3 \end{pmatrix}$ 是

$$\begin{pmatrix} x_1 \\ x_2 \\ x_3 \end{pmatrix} = \begin{pmatrix} 0 \\ c_1 \\ -2c_1 \end{pmatrix} = c_1 \begin{pmatrix} 0 \\ 1 \\ -2 \end{pmatrix}$$

另外 $c_1$ 為 0 以外的任意實數。

■ 對應 $\lambda = 1$ 的固有向量

同樣將固有值代入式子整理之後，就變成

$$\begin{pmatrix} 1-1 & 0 & 0 \\ 1 & 1-1 & -1 \\ -2 & 0 & 3-1 \end{pmatrix}\begin{pmatrix} x_1 \\ x_2 \\ x_3 \end{pmatrix} = \begin{pmatrix} 0 & 0 & 0 \\ 1 & 0 & -1 \\ -2 & 0 & 2 \end{pmatrix}\begin{pmatrix} x_1 \\ x_2 \\ x_3 \end{pmatrix} = \begin{pmatrix} 0 \\ x_1-x_3 \\ -2x_1+2x_3 \end{pmatrix} = \begin{pmatrix} 0 \\ 0 \\ 0 \end{pmatrix}$$

因此我們知道 $x_3 = x_1$。所以固有向量 $\begin{pmatrix} x_1 \\ x_2 \\ x_3 \end{pmatrix}$ 是

$$\begin{pmatrix} x_1 \\ x_2 \\ x_3 \end{pmatrix} = \begin{pmatrix} c_2 \\ c_3 \\ c_2 \end{pmatrix} = c_2\begin{pmatrix} 1 \\ 0 \\ 1 \end{pmatrix} + c_3\begin{pmatrix} 0 \\ 1 \\ 0 \end{pmatrix}$$

另外 $c_2$ 與 $c_3$ 同樣為 0 以外的任意實數。

(2)與 299 頁的做法相同：

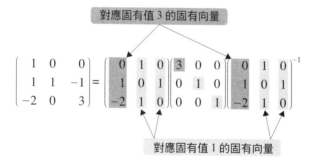

對應固有值 3 的固有向量

$$\begin{pmatrix} 1 & 0 & 0 \\ 1 & 1 & -1 \\ -2 & 0 & 3 \end{pmatrix} = \begin{pmatrix} 0 & 1 & 0 \\ 1 & 0 & 1 \\ -2 & 1 & 0 \end{pmatrix}\begin{pmatrix} 3 & 0 & 0 \\ 0 & 1 & 0 \\ 0 & 0 & 1 \end{pmatrix}\begin{pmatrix} 0 & 1 & 0 \\ 1 & 0 & 1 \\ -2 & 1 & 0 \end{pmatrix}^{-1}$$

對應固有值 1 的固有向量

## 4.2 重根存在時不能表示之例

### ❓ 問題

考慮三次方陣 $\begin{pmatrix} 1 & 0 & 0 \\ -7 & 1 & -1 \\ 4 & 0 & 3 \end{pmatrix}$，

(1)請求出它的固有值與固有向量。

(2)請表示成 $\begin{pmatrix} x_{11} & x_{12} & x_{13} \\ x_{21} & x_{22} & x_{23} \\ x_{31} & x_{32} & x_{33} \end{pmatrix} \begin{pmatrix} \lambda_1 & 0 & 0 \\ 0 & \lambda_2 & 0 \\ 0 & 0 & \lambda_3 \end{pmatrix} \begin{pmatrix} x_{11} & x_{12} & x_{13} \\ x_{21} & x_{22} & x_{23} \\ x_{31} & x_{32} & x_{33} \end{pmatrix}^{-1}$ 的形式。

### ❗ 解答

(1)$\lambda$ 為三次方陣 $\begin{pmatrix} 1 & 0 & 0 \\ -7 & 1 & -1 \\ 4 & 0 & 3 \end{pmatrix}$ 之固有值。

$\lambda$ 是固有方程式 $\det \begin{pmatrix} 1-\lambda & 0 & 0 \\ -7 & 1-\lambda & -1 \\ 4 & 0 & 3-\lambda \end{pmatrix} = 0$ 的解，計算如下：

$$\det \begin{pmatrix} 1-\lambda & 0 & 0 \\ -7 & 1-\lambda & -1 \\ 4 & 0 & 3-\lambda \end{pmatrix}$$

$$= (1-\lambda)(1-\lambda)(3-\lambda) + 0 \times (-1) \times 4 + 0 \times (-7) \times 0$$

$$- 0 \times (1-\lambda) \times 4 - 0 \times (-7) \times (3-\lambda) - (1-\lambda) \times (-1) \times 0$$

$$= (1-\lambda)^2 (3-\lambda) = 0$$

$$\lambda = 3, 1$$

## ■ 對應 $\lambda = 3$ 的固有向量

將固有值代入 $\begin{pmatrix} 1 & 0 & 0 \\ -7 & 1 & -1 \\ 4 & 0 & 3 \end{pmatrix} \begin{pmatrix} x_1 \\ x_2 \\ x_3 \end{pmatrix} = \lambda \begin{pmatrix} x_1 \\ x_2 \\ x_3 \end{pmatrix}$　整理，

也就是代入 $\begin{pmatrix} 1-\lambda & 0 & 0 \\ -7 & 1-\lambda & -1 \\ 4 & 0 & 3-\lambda \end{pmatrix} \begin{pmatrix} x_1 \\ x_2 \\ x_3 \end{pmatrix} = \begin{pmatrix} 0 \\ 0 \\ 0 \end{pmatrix}$　整理之後，就變成

$$\begin{pmatrix} 1-3 & 0 & 0 \\ -7 & 1-3 & -1 \\ 4 & 0 & 3-3 \end{pmatrix} \begin{pmatrix} x_1 \\ x_2 \\ x_3 \end{pmatrix} = \begin{pmatrix} -2 & 0 & 0 \\ -7 & -2 & -1 \\ 4 & 0 & 0 \end{pmatrix} \begin{pmatrix} x_1 \\ x_2 \\ x_3 \end{pmatrix} = \begin{pmatrix} -2x_1 \\ -7x_1-2x_2-x_3 \\ 4x_1 \end{pmatrix} = \begin{pmatrix} 0 \\ 0 \\ 0 \end{pmatrix}$$

因此我們知道 $\begin{cases} x_1 = 0 \\ x_3 = -2x_2 \end{cases}$。所以固有向量 $\begin{pmatrix} x_1 \\ x_2 \\ x_3 \end{pmatrix}$ 是

$$\begin{pmatrix} x_1 \\ x_2 \\ x_3 \end{pmatrix} = \begin{pmatrix} 0 \\ c_1 \\ -2c_1 \end{pmatrix} = c_1 \begin{pmatrix} 0 \\ 1 \\ -2 \end{pmatrix}$$

另外 $c_1$ 為 0 以外的任意實數。

同樣將固有值代入整理之後，就變成

$$\begin{pmatrix} 1-1 & 0 & 0 \\ -7 & 1-1 & -1 \\ 4 & 0 & 3-1 \end{pmatrix}\begin{pmatrix} x_1 \\ x_2 \\ x_3 \end{pmatrix} = \begin{pmatrix} 0 & 0 & 0 \\ -7 & 0 & -1 \\ 4 & 0 & 2 \end{pmatrix}\begin{pmatrix} x_1 \\ x_2 \\ x_3 \end{pmatrix} = \begin{pmatrix} 0 \\ -7x_1 - x_3 \\ 4x_1 + 2x_3 \end{pmatrix} = \begin{pmatrix} 0 \\ 0 \\ 0 \end{pmatrix}$$

因此我們知道 $\begin{cases} x_3 = -7x_1 \\ x_3 = -2x_1 \end{cases}$。 $\begin{cases} x_3 = -7x_1 \\ x_3 = -2x_1 \end{cases}$ 能夠同時成立的情況，就只有

$x_1 = x_3 = 0$。所以固有向量 $\begin{pmatrix} x_1 \\ x_2 \\ x_3 \end{pmatrix}$ 是

$$\begin{pmatrix} x_1 \\ x_2 \\ x_3 \end{pmatrix} = \begin{pmatrix} 0 \\ c_2 \\ 0 \end{pmatrix} = c_2 \begin{pmatrix} 0 \\ 1 \\ 0 \end{pmatrix}$$

另外 $c_2$ 與 $c_3$ 同樣為 0 以外的任意實數。

(2)對應 $\lambda = 1$ 的固有向量並非 $c_2 \begin{pmatrix} x_{12} \\ x_{22} \\ x_{32} \end{pmatrix} + c_3 \begin{pmatrix} x_{13} \\ x_{23} \\ x_{33} \end{pmatrix}$ 的種類。

因此矩陣 $\begin{pmatrix} 1 & 0 & 0 \\ -7 & 1 & -1 \\ 4 & 0 & 3 \end{pmatrix}$ 沒辦法表示成

$$\begin{pmatrix} x_{11} & x_{12} & x_{13} \\ x_{21} & x_{22} & x_{23} \\ x_{31} & x_{32} & x_{33} \end{pmatrix}\begin{pmatrix} \lambda_1 & 0 & 0 \\ 0 & \lambda_2 & 0 \\ 0 & 0 & \lambda_3 \end{pmatrix}\begin{pmatrix} x_{11} & x_{12} & x_{13} \\ x_{21} & x_{22} & x_{23} \\ x_{31} & x_{32} & x_{33} \end{pmatrix}^{-1}$$ 的形式。

我得救她！

快！

得擺脫這些傢伙！

！

但是，

如果又跟
那時候一樣……

那天是我跟喜歡的後
藤第一次約好
一同回家的日子——

你們快放
手！

陪我們一下
有什麼關係～

我跟人有約！

後藤！

啪

啊？

快、快離開這裡！

百合野同學！

給我等一下！

關你屁事，給我滾！

喀

不准碰美紗！

耍什麼帥啊！

我打死你！

我救美紗時被
這些傢伙
給打倒了！

結果我還是
這麼軟弱！

你的功夫確實
還不夠強，

但你絕對不是
軟弱唷。

你不是不顧自己
危險，堅決地抵
抗那群惡漢嗎？

這份勇氣可是
非常地堅強。

要有自信。

但是，

百合野同學！

大哥說得沒錯。

百合野同學能
這樣為我奮戰，
我真的非常感
動！

美紗……

謝謝你!

咦!?

蝦米!?

我一開始就有警告過百合野你……

抖抖抖

?

呃!? 這、那個……

呼……

算了,美紗也是大人了,沒辦法。

對了,百合野,我倒是想請你幫忙。

隊長……

啊、是!

這次換來教我數學吧!

拜託了!

咦?

其實大哥對數學也很苦惱……大學今年念第六年了。

再不畢業不行了

你就答應吧。

這次你可以幫幫大哥嗎?

嗯!當然好!

那趕快先教我加減乘除吧!

咦!?從這兒開始教嗎?

大哥就麻煩你幫忙啦。

# 附錄 1

## 練習題

本書總共有
- ◆附錄 1　練習題
- ◆附錄 2　內積
- ◆附錄 3　外積
- ◆附錄 4　行列式的特性

四節附錄。

1 設有一二次方陣 $\begin{pmatrix} 4 & -1 \\ 5 & -2 \end{pmatrix}$。

(1)請求出行列式的值。

(2)請利用這個 $\begin{pmatrix} a_{11} & a_{12} \\ a_{21} & a_{22} \end{pmatrix}^{-1} = \dfrac{1}{a_{11}a_{22}-a_{12}a_{21}} \begin{pmatrix} a_{22} & -a_{12} \\ -a_{21} & a_{11} \end{pmatrix}$ 公式求出反矩陣。

(3)請利用掃除法求出反矩陣。

(4)請求出其固有值與固有向量。

(5)請改寫爲 $\begin{pmatrix} x_{11} & x_{12} \\ x_{21} & x_{22} \end{pmatrix} \begin{pmatrix} \lambda_1 & 0 \\ 0 & \lambda_2 \end{pmatrix} \begin{pmatrix} x_{11} & x_{12} \\ x_{21} & x_{22} \end{pmatrix}^{-1}$ 的形式。

(6)請利用克拉瑪公式解出一次聯立方程式 $\begin{cases} 4x_1 - 1x_2 = 1 \\ 5x_1 - 2x_2 = -1 \end{cases}$。

2 設有一三次方陣 $\begin{pmatrix} 1 & 4 & -1 \\ 2 & 1 & 2 \\ 3 & -2 & -1 \end{pmatrix}$。

(1)請驗證其秩爲 3，也就是向量 $\begin{pmatrix} 1 \\ 2 \\ 3 \end{pmatrix}$ 與向量 $\begin{pmatrix} 4 \\ 1 \\ -2 \end{pmatrix}$ 與向量 $\begin{pmatrix} -1 \\ 2 \\ -1 \end{pmatrix}$

　爲線性獨立。

(2)請求出行列式的值。

**3** 請分別驗證下列集合是否為 $R^3$ 的子空間。

(1) $\left\{ \begin{pmatrix} \alpha \\ \beta \\ 5\alpha-7\beta \end{pmatrix} \middle| \alpha \text{ 與 } \beta \text{ 爲任意實數} \right\}$

(2) $\left\{ \begin{pmatrix} \alpha \\ \beta \\ 5\alpha-7 \end{pmatrix} \middle| \alpha \text{ 與 } \beta \text{ 爲任意實數} \right\}$

**4** 設有向量 $\begin{pmatrix} 1 \\ 2 \\ 3 \end{pmatrix}$ 與向量 $\begin{pmatrix} 4 \\ 1 \\ -2 \end{pmatrix}$。

(1) 請求出向量 $\begin{pmatrix} 1 \\ 2 \\ 3 \end{pmatrix}$ 與向量 $\begin{pmatrix} 4 \\ 1 \\ -2 \end{pmatrix}$ 的長度。

(2) 請求出向量 $\begin{pmatrix} 1 \\ 2 \\ 3 \end{pmatrix}$ 與向量 $\begin{pmatrix} 4 \\ 1 \\ -2 \end{pmatrix}$ 的內積，也就是 $\begin{pmatrix} 1 \\ 2 \\ 3 \end{pmatrix} \cdot \begin{pmatrix} 4 \\ 1 \\ -2 \end{pmatrix}$ 的值。

(3) 請求出向量 $\begin{pmatrix} 1 \\ 2 \\ 3 \end{pmatrix}$ 與向量 $\begin{pmatrix} 4 \\ 1 \\ -2 \end{pmatrix}$ 的交角 $\theta$。

(4) 請求出向量 $\begin{pmatrix} 1 \\ 2 \\ 3 \end{pmatrix}$ 與向量 $\begin{pmatrix} 4 \\ 1 \\ -2 \end{pmatrix}$ 的外積，也就是 $\begin{pmatrix} 1 \\ 2 \\ 3 \end{pmatrix} \times \begin{pmatrix} 4 \\ 1 \\ -2 \end{pmatrix}$。

---

**4** 請研讀完附錄 2 與附錄 3 後再來挑戰。

---

1

(1) $\det \begin{pmatrix} 4 & -1 \\ 5 & -2 \end{pmatrix} = 4 \times (-2) - (-1) \times 5 = -8 + 5 = -3$

(2) $\dfrac{1}{4 \times (-2) - (-1) \times 5} \begin{pmatrix} -2 & 1 \\ -5 & 4 \end{pmatrix} = \dfrac{1}{-3} \begin{pmatrix} -2 & 1 \\ -5 & 4 \end{pmatrix} = \dfrac{1}{3} \begin{pmatrix} 2 & -1 \\ 5 & -4 \end{pmatrix}$

(3)如下表所記：

$$\begin{pmatrix} 4 & -1 & 1 & 0 \\ 5 & -2 & 0 & 1 \end{pmatrix}$$

接下來，請將第 1 列的式子乘以 2 倍，再將第 1 列減去第 2 列。

$$\begin{pmatrix} 3 & 0 & 2 & -1 \\ 5 & -2 & 0 & 1 \end{pmatrix}$$

接下來，請將第 1 列乘以 5 倍，第 2 列乘以 3 倍，再將第 2 列減去第 1 列。

$$\begin{pmatrix} 15 & 0 & 10 & -5 \\ 0 & -6 & -10 & 8 \end{pmatrix}$$

接下來，請將第 1 列除以 15，第 2 列除以（−6）。

$$\begin{pmatrix} 1 & 0 & \dfrac{2}{3} & -\dfrac{1}{3} \\ 0 & 1 & \dfrac{5}{3} & -\dfrac{4}{3} \end{pmatrix}$$

(4)我們設 $\lambda$ 為二次方陣 $\begin{pmatrix} 4 & -1 \\ 5 & -2 \end{pmatrix}$ 的固有值。由於 $\lambda$ 為固有方程式

$\det \begin{pmatrix} 4-\lambda & -1 \\ 5 & -2-\lambda \end{pmatrix} = 0$ 的解，因此答案如下一頁所示。

$$\det \begin{pmatrix} 4-\lambda & -1 \\ 5 & -2-\lambda \end{pmatrix} = (4-\lambda) \times (-2-\lambda) - (-1) \times 5$$

$$= (\lambda-4)(\lambda+2)+5$$

$$= \lambda^2 - 2\lambda - 3$$

$$= (\lambda-3)(\lambda+1) = 0$$

$$\lambda = 3, -1$$

■ **對應 $\lambda = 3$ 的固有向量**

將固有值代入 $\begin{pmatrix} 4 & -1 \\ 5 & -2 \end{pmatrix}\begin{pmatrix} x_1 \\ x_2 \end{pmatrix} = \lambda \begin{pmatrix} x_1 \\ x_2 \end{pmatrix}$ 整理，也就是代入 $\begin{pmatrix} 4-\lambda & -1 \\ 5 & -2-\lambda \end{pmatrix}\begin{pmatrix} x_1 \\ x_2 \end{pmatrix} = \begin{pmatrix} 0 \\ 0 \end{pmatrix}$

整理之後，就變成

$$\begin{pmatrix} 4-3 & -1 \\ 5 & -2-3 \end{pmatrix}\begin{pmatrix} x_1 \\ x_2 \end{pmatrix} = \begin{pmatrix} 1 & -1 \\ 5 & -5 \end{pmatrix}\begin{pmatrix} x_1 \\ x_2 \end{pmatrix} = \begin{pmatrix} x_1 - x_2 \\ 5x_1 - 5x_2 \end{pmatrix} = [x_1 - x_2]\begin{pmatrix} 1 \\ 5 \end{pmatrix} = \begin{pmatrix} 0 \\ 0 \end{pmatrix}$$

因此我們知道 $x_1 = x_2$。所以固有向量 $\begin{pmatrix} x_1 \\ x_2 \end{pmatrix}$ 是

$$\begin{pmatrix} x_1 \\ x_2 \end{pmatrix} = \begin{pmatrix} c_1 \\ c_1 \end{pmatrix} = c_1 \begin{pmatrix} 1 \\ 1 \end{pmatrix}$$

另外 $c_1$ 為 0 以外的任意實數。

■ **對應 $\lambda = -1$ 的固有向量**

同樣將固有值代入整理之後，就變成

$$\begin{pmatrix} 4-(-1) & -1 \\ 5 & -2-(-1) \end{pmatrix}\begin{pmatrix} x_1 \\ x_2 \end{pmatrix} = \begin{pmatrix} 5 & -1 \\ 5 & -1 \end{pmatrix}\begin{pmatrix} x_1 \\ x_2 \end{pmatrix} = \begin{pmatrix} 5x_1 - x_2 \\ 5x_1 - x_2 \end{pmatrix} = [5x_1 - x_2]\begin{pmatrix} 1 \\ 1 \end{pmatrix} = \begin{pmatrix} 0 \\ 0 \end{pmatrix}$$

因此我們知道 $x_2 = 5x_1$。所以固有向量 $\begin{pmatrix} x_1 \\ x_2 \end{pmatrix}$ 是

$$\begin{pmatrix} x_1 \\ x_2 \end{pmatrix} = \begin{pmatrix} c_2 \\ 5c_2 \end{pmatrix} = c_2 \begin{pmatrix} 1 \\ 5 \end{pmatrix}$$

另外 $c_2$ 為 0 以外的任意實數。

(5)根據(4)，

$$\begin{pmatrix} 4 & -1 \\ 5 & -2 \end{pmatrix} = \begin{pmatrix} 1 & 1 \\ 1 & 5 \end{pmatrix}\begin{pmatrix} 3 & 0 \\ 0 & -1 \end{pmatrix}\begin{pmatrix} 1 & 1 \\ 1 & 5 \end{pmatrix}^{-1}$$

(6)一次聯立方程式 $\begin{cases} 4x_1-1x_2= \ \ 1 \\ 5x_1-2x_2=-1 \end{cases}$ 可以改寫成 $\begin{pmatrix} 4 & -1 \\ 5 & -2 \end{pmatrix}\begin{pmatrix} x_1 \\ x_2 \end{pmatrix} = \begin{pmatrix} 1 \\ -1 \end{pmatrix}$ 。

以這點與(1)為基礎，可以得到以下的解。

$$\cdot \ x_1 = \frac{\det\begin{pmatrix} 1 & -1 \\ -1 & -2 \end{pmatrix}}{\det\begin{pmatrix} 4 & -1 \\ 5 & -2 \end{pmatrix}} = \frac{1\times(-2)-(-1)\times(-1)}{-3} = \frac{-3}{-3} = 1$$

$$\cdot \ x_2 = \frac{\det\begin{pmatrix} 4 & 1 \\ 5 & -1 \end{pmatrix}}{\det\begin{pmatrix} 4 & -1 \\ 5 & -2 \end{pmatrix}} = \frac{4\times(-1)-1\times5}{-3} = \frac{-9}{-3} = 3$$

**2**

⑴下表紀錄的是將三次方陣 $\begin{pmatrix} 1 & 4 & -1 \\ 2 & 1 & 2 \\ 3 & -2 & -1 \end{pmatrix}$ 加工以求秩的過程。

$$\begin{pmatrix} 1 & 4 & -1 \\ 2 & 1 & 2 \\ 3 & -2 & -1 \end{pmatrix}$$

接下來，請將第 2 列加上「第 1 列的(−2)倍」，將第 3 列加上「第 1 列的(−3)倍」。

⬇

$$\begin{pmatrix} 1 & 0 & 0 \\ -2 & 1 & 0 \\ -3 & 0 & 1 \end{pmatrix}\begin{pmatrix} 1 & 4 & -1 \\ 2 & 1 & 2 \\ 3 & -2 & -1 \end{pmatrix} = \begin{pmatrix} 1 & 4 & -1 \\ 0 & -7 & 4 \\ 0 & -14 & 2 \end{pmatrix}$$

接下來，請將第 3 行加上「第 2 行的(−2)倍」。

⬇

$$\begin{pmatrix} 1 & 0 & 0 \\ 0 & 1 & 0 \\ 0 & -2 & 1 \end{pmatrix}\begin{pmatrix} 1 & 4 & -1 \\ 0 & -7 & 4 \\ 0 & -14 & 2 \end{pmatrix} = \begin{pmatrix} 1 & 4 & -1 \\ 0 & -7 & 4 \\ 0 & 0 & -6 \end{pmatrix}$$

接下來，請將第 1 列加上「第 3 列的 $\left(-\dfrac{1}{6}\right)$ 倍」，將第 2 列加上「第 3 列的 $\dfrac{4}{6}$ 倍」。

⬇

$$\begin{pmatrix} 1 & 0 & -\dfrac{1}{6} \\ 0 & 1 & \dfrac{4}{6} \\ 0 & 0 & 1 \end{pmatrix}\begin{pmatrix} 1 & 4 & -1 \\ 0 & -7 & 4 \\ 0 & 0 & -6 \end{pmatrix} = \begin{pmatrix} 1 & 4 & 0 \\ 0 & -7 & 0 \\ 0 & 0 & -6 \end{pmatrix}$$

接下來，請將第 1 列加上「第 2 列的 $\dfrac{4}{7}$ 倍」。

⬇

$$\begin{pmatrix} 1 & \dfrac{4}{7} & 0 \\ 0 & 1 & 0 \\ 0 & 0 & 1 \end{pmatrix}\begin{pmatrix} 1 & 4 & 0 \\ 0 & -7 & 0 \\ 0 & 0 & -6 \end{pmatrix} = \begin{pmatrix} 1 & 0 & 0 \\ 0 & -7 & 0 \\ 0 & 0 & -6 \end{pmatrix}$$

根據 204 到 209 頁，三次方陣 $\begin{pmatrix} 1 & 4 & -1 \\ 2 & 1 & 2 \\ 3 & -2 & -1 \end{pmatrix}$ 與三次方陣 $\begin{pmatrix} 1 & 0 & 0 \\ 0 & -7 & 0 \\ 0 & 0 & -6 \end{pmatrix}$ 的

秩相等。由於向量 $\begin{pmatrix} 1 \\ 0 \\ 0 \end{pmatrix}$、向量 $\begin{pmatrix} 0 \\ -7 \\ 0 \end{pmatrix}$ 與向量 $\begin{pmatrix} 0 \\ 0 \\ -6 \end{pmatrix}$ 中線性獨立的向量個數很

明顯為 3，因此三次方陣 $\begin{pmatrix} 1 & 0 & 0 \\ 0 & -7 & 0 \\ 0 & 0 & -6 \end{pmatrix}$ 的秩為 3，三次方陣 $\begin{pmatrix} 1 & 4 & -1 \\ 2 & 1 & 2 \\ 3 & -2 & -1 \end{pmatrix}$

的秩也為 3。

$$\det \begin{pmatrix} 1 & 4 & -1 \\ 2 & 1 & 2 \\ 3 & -2 & -1 \end{pmatrix} \tag{2}$$

$= 1 \times 1 \times (-1) + 4 \times 2 \times 3 + (-1) \times 2 \times (-2) - (-1) \times 1 \times 3 - 4 \times 2 \times (-1) - 1 \times 2 \times (-2)$

$= -1 + 24 + 4 + 3 + 8 + 4 = 42$

$c$ 為任意實數。

(1)為子空間。因為如

① $c \begin{pmatrix} \alpha_1 \\ \beta_1 \\ 5\alpha_1 - 7\beta_1 \end{pmatrix} = \begin{pmatrix} c\alpha_1 \\ c\beta_1 \\ 5(c\alpha_1) - 7(c\beta_1) \end{pmatrix} \in \left\{ \begin{pmatrix} \alpha \\ \beta \\ 5\alpha - 7\beta \end{pmatrix} \middle| \right.$

$\left. \alpha \text{ 與 } \beta \text{ 為任意實數} \right\}$

② $\begin{pmatrix} \alpha_1 \\ \beta_1 \\ 5\alpha_1 - 7\beta_1 \end{pmatrix} + \begin{pmatrix} \alpha_2 \\ \beta_2 \\ 5\alpha_2 - 7\beta_2 \end{pmatrix} = \begin{pmatrix} \alpha_1 + \alpha_2 \\ \beta_1 + \beta_2 \\ 5(\alpha_1 + \alpha_2) - 7(\beta_1 + \beta_2) \end{pmatrix} \in \left\{ \begin{pmatrix} \alpha \\ \beta \\ 5\alpha - 7\beta \end{pmatrix} \middle| \right.$

$\left. \alpha \text{ 與 } \beta \text{ 為任意實數} \right\}$

所見，它滿足子空間的二個條件。

(2)不是子空間。因為如

$\begin{pmatrix} \alpha_1 \\ \beta_1 \\ 5\alpha_1 - 7 \end{pmatrix} + \begin{pmatrix} \alpha_2 \\ \beta_2 \\ 5\alpha_2 - 7 \end{pmatrix}$

$= \begin{pmatrix} \alpha_1 + \alpha_2 \\ \beta_1 + \beta_2 \\ 5(\alpha_1 + \alpha_2) - 14 \end{pmatrix} \neq \begin{pmatrix} \alpha_1 + \alpha_2 \\ \beta_1 + \beta_2 \\ 5(\alpha_1 + \alpha_2) - 7 \end{pmatrix} \in \left\{ \begin{pmatrix} \alpha \\ \beta \\ 5\alpha - 7 \end{pmatrix} \middle| \alpha \text{ 與 } \beta \text{ 為任意實數} \right\}$

所見，子空間的二個條件它至少有一個不滿足[1]。

---

1　一個子集合要是子空間，必須「同時」滿足 157 頁所講到的兩個條件。而這也就是說，只要當我們能判斷它不滿足其中任何一個條件，就能斷定這個子集合不是子空間。

(1) $\left\| \begin{pmatrix} 1 \\ 2 \\ 3 \end{pmatrix} \right\| = \sqrt{1^2+2^2+3^2} = \sqrt{1+4+9} = \sqrt{14}$

$\left\| \begin{pmatrix} 4 \\ 1 \\ -2 \end{pmatrix} \right\| = \sqrt{4^2+1^2+(-2)^2} = \sqrt{16+1+4} = \sqrt{21}$

(2) $\begin{pmatrix} 1 \\ 2 \\ 3 \end{pmatrix} \cdot \begin{pmatrix} 4 \\ 1 \\ -2 \end{pmatrix} = 1 \times 4 + 2 \times 1 + 3 \times (-2) = 4 + 2 - 6 = 0$

(3) 從向量 $\begin{pmatrix} 1 \\ 2 \\ 3 \end{pmatrix}$ 與向量 $\begin{pmatrix} 4 \\ 1 \\ -2 \end{pmatrix}$ 的交角 $\theta$ 為

$$\cos\theta = \frac{\begin{pmatrix} 1 \\ 2 \\ 3 \end{pmatrix} \cdot \begin{pmatrix} 4 \\ 1 \\ -2 \end{pmatrix}}{\left\| \begin{pmatrix} 1 \\ 2 \\ 3 \end{pmatrix} \right\| \left\| \begin{pmatrix} 4 \\ 1 \\ -2 \end{pmatrix} \right\|} = \frac{0}{\sqrt{14}\sqrt{21}} = 0$$

可以得知 $\theta = 90°$。

(4) $\begin{pmatrix} 1 \\ 2 \\ 3 \end{pmatrix} \times \begin{pmatrix} 4 \\ 1 \\ -2 \end{pmatrix} = \begin{pmatrix} 2\times(-2)-1 \quad \times 3 \\ 3\times 4 \quad -(-2)\times 1 \\ 1\times 1 \quad -4 \quad \times 2 \end{pmatrix} = \begin{pmatrix} -4-3 \\ 12+2 \\ 1-8 \end{pmatrix} = \begin{pmatrix} -7 \\ 14 \\ -7 \end{pmatrix} = 7\begin{pmatrix} -1 \\ 2 \\ -1 \end{pmatrix}$

# 附錄 2

## 內積

# 1. 內積

## 1.1 長度

設 $\begin{pmatrix} x_{1i} \\ x_{2i} \\ \vdots \\ x_{ni} \end{pmatrix}$ 為 $R^n$ 的任意元素，

$$\sqrt{x_{1i}^2 + x_{2i}^2 + \cdots + x_{ni}^2}$$

稱為「向量的 $\begin{pmatrix} x_{1i} \\ x_{2i} \\ \vdots \\ x_{ni} \end{pmatrix}$ 長度」。長度又可以稱為**大小**或者**範數**。

「向量 $\begin{pmatrix} x_{1i} \\ x_{2i} \\ \vdots \\ x_{ni} \end{pmatrix}$ 的長度」一般寫做 $\left\| \begin{pmatrix} x_{1i} \\ x_{2i} \\ \vdots \\ x_{ni} \end{pmatrix} \right\|$。

例

$$\left\| \begin{pmatrix} 1 \\ \sqrt{3} \end{pmatrix} \right\| = \sqrt{1^2 + (\sqrt{3})^2} = \sqrt{1+3} = \sqrt{4} = 2$$

$$\left\| \begin{pmatrix} \sqrt{2} - \sqrt{6} \\ \sqrt{2} + \sqrt{6} \end{pmatrix} \right\| = \sqrt{(\sqrt{2} - \sqrt{6})^2 + (\sqrt{2} + \sqrt{6})^2} = \sqrt{2 - 2\sqrt{12} + 6 + 2 + 2\sqrt{12} + 6} = \sqrt{16} = 4$$

## 1.2 內積

設 $\begin{pmatrix} x_{1i} \\ x_{2i} \\ \vdots \\ x_{ni} \end{pmatrix}$ 與 $\begin{pmatrix} x_{1j} \\ x_{2j} \\ \vdots \\ x_{nj} \end{pmatrix}$ 爲 $R^n$ 的任意元素，

$$x_{1i}x_{1j} + x_{2i}x_{2j} + \cdots + x_{ni}x_{nj}$$

稱爲「向量 $\begin{pmatrix} x_{1i} \\ x_{2i} \\ \vdots \\ x_{ni} \end{pmatrix}$ 與向量 $\begin{pmatrix} x_{1j} \\ x_{2j} \\ \vdots \\ x_{nj} \end{pmatrix}$ 的**內積**」。內積又稱爲**純量積**或**點積**。

「向量 $\begin{pmatrix} x_{1i} \\ x_{2i} \\ \vdots \\ x_{ni} \end{pmatrix}$ 與向量 $\begin{pmatrix} x_{1j} \\ x_{2j} \\ \vdots \\ x_{nj} \end{pmatrix}$ 的內積」，一般運用「·」（dot）符號，記成

$$\begin{pmatrix} x_{1i} \\ x_{2i} \\ \vdots \\ x_{ni} \end{pmatrix} \cdot \begin{pmatrix} x_{1j} \\ x_{2j} \\ \vdots \\ x_{nj} \end{pmatrix} \text{。}$$

**例**

$$\begin{pmatrix} 1 \\ \sqrt{3} \end{pmatrix} \cdot \begin{pmatrix} \sqrt{2} - \sqrt{6} \\ \sqrt{2} + \sqrt{6} \end{pmatrix} = 1 \times (\sqrt{2} - \sqrt{6}) + \sqrt{3} \times (\sqrt{2} + \sqrt{6}) = \sqrt{2} - \sqrt{6} + \sqrt{6} + \sqrt{18} = \sqrt{2} + 3\sqrt{2}$$
$$= 4\sqrt{2}$$

## 1.3 交角

設 $\begin{pmatrix} x_{1i} \\ x_{2i} \\ \vdots \\ x_{ni} \end{pmatrix}$ 與 $\begin{pmatrix} x_{1j} \\ x_{2j} \\ \vdots \\ x_{nj} \end{pmatrix}$ 爲 $R^n$ 的任意元素,則滿足

$$\begin{pmatrix} x_{1i} \\ x_{2i} \\ \vdots \\ x_{ni} \end{pmatrix} \cdot \begin{pmatrix} x_{1j} \\ x_{2j} \\ \vdots \\ x_{nj} \end{pmatrix} = \left\| \begin{pmatrix} x_{1i} \\ x_{2i} \\ \vdots \\ x_{ni} \end{pmatrix} \right\| \times \left\| \begin{pmatrix} x_{1j} \\ x_{2j} \\ \vdots \\ x_{nj} \end{pmatrix} \right\| \times \cos\theta$$

的角度 $\theta$ 稱爲「向量 $\begin{pmatrix} x_{1i} \\ x_{2i} \\ \vdots \\ x_{ni} \end{pmatrix}$ 與向量 $\begin{pmatrix} x_{1j} \\ x_{2j} \\ \vdots \\ x_{nj} \end{pmatrix}$ 的**交角**」。

例

向量 $\begin{pmatrix} 1 \\ \sqrt{3} \end{pmatrix}$ 與向量 $\begin{pmatrix} \sqrt{2} - \sqrt{6} \\ \sqrt{2} + \sqrt{6} \end{pmatrix}$ 的交角 $\theta$,根據

$$\cos\theta = \frac{\begin{pmatrix} 1 \\ \sqrt{3} \end{pmatrix} \cdot \begin{pmatrix} \sqrt{2} - \sqrt{6} \\ \sqrt{2} + \sqrt{6} \end{pmatrix}}{\left\| \begin{pmatrix} 1 \\ \sqrt{3} \end{pmatrix} \right\| \times \left\| \begin{pmatrix} \sqrt{2} - \sqrt{6} \\ \sqrt{2} + \sqrt{6} \end{pmatrix} \right\|} = \frac{4\sqrt{2}}{2 \times 4} = \frac{\sqrt{2}}{2}$$

可以得知 $\theta = 45°$。

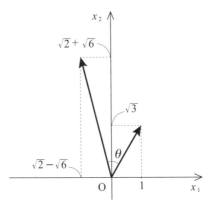

### 1.4 數學家所看到的內積

就跟 22 到 23 頁所敘述的線性代數同樣的狀況，數學家對內積的認知也跟我們不一樣。

數學家眼中所見的**內積**，就如以下方框所寫，是在**實數度量線性空間**的定義中出現的東西[1]。

---

■ 實數度量線性空間

設 $x_i$、$x_j$ 與 $x_k$ 為一集合 $X$ 的任意元素，$c$ 為任意實數。

當集合 $X$ 為實數線性空間且滿足以下條件時，就可斷定「集合 $X$ 為**實數度量線性空間**」或「集合 $X$ 為**歐幾里得空間**」。

> 條件
>
> 對 $x_i$ 與 $x_j$，定義 $x_i \cdot x_j$ 是稱為**內積**的實數，則內積滿足下列條件：
>
> ① $x_i \cdot x_j = x_j \cdot x_i$
>
> ② $(cx_i) \cdot x_j = c\,(x_i \cdot x_j) = x_i \cdot (cx_j)$
>
> ③ $x_i \cdot (x_j + x_k) = x_i \cdot x_j + x_i \cdot x_k$　$(x_i + x_j) \cdot x_k = x_i \cdot x_k + x_j \cdot x_k$
>
> ④ $x_i \cdot x_i \geqq 0$，只有在 $=0$ 時 $x_i \cdot x_i = 0$。

條件①到④總合起來稱為**實數內積公理**。

---

1　雖然本書沒有提到，但不用懷疑，內積也會出現在**複數度量線性空間**的定義中。

## 2. 單範正交基底

比如說像 $\left\{\begin{pmatrix}1\\0\end{pmatrix},\begin{pmatrix}0\\1\end{pmatrix}\right\}$ 或 $\left\{\dfrac{1}{\sqrt{2}}\begin{pmatrix}1\\1\end{pmatrix},\dfrac{1}{\sqrt{2}}\begin{pmatrix}-1\\1\end{pmatrix}\right\}$ 或 $\left\{\dfrac{1}{\sqrt{14}}\begin{pmatrix}1\\2\\3\end{pmatrix},\dfrac{1}{\sqrt{21}}\begin{pmatrix}4\\1\\-2\end{pmatrix},\dfrac{1}{\sqrt{6}}\begin{pmatrix}-1\\2\\-1\end{pmatrix}\right\}$

這樣

- 各向量的長度均為 1
- 兩個向量的內積為 0

的基底，我們稱為**單範正交基底**（orthonormal basis）。

而 $\left\{\begin{pmatrix}1\\0\\\vdots\\0\end{pmatrix},\begin{pmatrix}0\\1\\\vdots\\0\end{pmatrix},\cdots,\begin{pmatrix}0\\0\\\vdots\\1\end{pmatrix}\right\}$ 這種類型的單範正交基底又特別稱為**標準基底**或

**自然基底**。

雖然本書沒有提到，但有一種稱為**舒密特正交化**（Gram-Schmidt）的方法，可以從非單範正交的基底當中製造出單範正交基底。

# 附錄 3

## 外積

設 $\begin{pmatrix} a \\ b \\ c \end{pmatrix}$ 與 $\begin{pmatrix} P \\ Q \\ R \end{pmatrix}$ 爲 $\boldsymbol{R}^3$ 的任意元素，則向量

$$\begin{pmatrix} bR - Qc \\ cP - Ra \\ aQ - Pb \end{pmatrix}$$

稱爲**外積**。外積又稱爲**向量積**或**叉積**。

外積一般運用「×」（cross）符號，記成 $\begin{pmatrix} a \\ b \\ c \end{pmatrix} \times \begin{pmatrix} P \\ Q \\ R \end{pmatrix}$ 。

記憶外積相乘方式的訣竅如下圖所示。

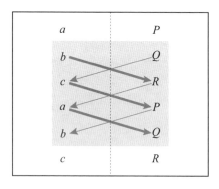

外積 $\begin{pmatrix} a \\ b \\ c \end{pmatrix} \times \begin{pmatrix} P \\ Q \\ R \end{pmatrix}$ 擁有下列兩個特徵：

① 向量 $\begin{pmatrix} a \\ b \\ c \end{pmatrix}$ 與向量 $\begin{pmatrix} P \\ Q \\ R \end{pmatrix}$ 呈正交。

② 長度與「由向量 $\begin{pmatrix} a \\ b \\ c \end{pmatrix}$ 與向量 $\begin{pmatrix} P \\ Q \\ R \end{pmatrix}$ 做爲相鄰二邊線的平行四邊形」的

面積相等。

也就是說它具有如下圖的特徵：

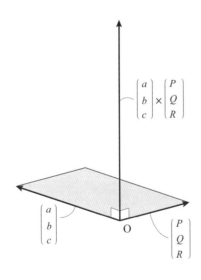

為了證明，我們來驗證前頁的①與②是否真的能成立。

①②

①的驗證

$$\begin{pmatrix} a \\ b \\ c \end{pmatrix} \cdot \left( \begin{pmatrix} a \\ b \\ c \end{pmatrix} \times \begin{pmatrix} P \\ Q \\ R \end{pmatrix} \right) = \begin{pmatrix} a \\ b \\ c \end{pmatrix} \cdot \begin{pmatrix} bR - Qc \\ cP - Ra \\ aQ - Pb \end{pmatrix}$$

$$= a(bR - Qc) + b(cP - Ra) + c(aQ - Pb)$$

$$= abR - aQc + bcP - bRa + caQ - cPb$$

$$= 0$$

$$\begin{pmatrix} P \\ Q \\ R \end{pmatrix} \cdot \left( \begin{pmatrix} a \\ b \\ c \end{pmatrix} \times \begin{pmatrix} P \\ Q \\ R \end{pmatrix} \right) = \begin{pmatrix} P \\ Q \\ R \end{pmatrix} \cdot \begin{pmatrix} bR - Qc \\ cP - Ra \\ aQ - Pb \end{pmatrix}$$

$$= P(bR - Qc) + Q(cP - Ra) + R(aQ - Pb)$$

$$= PbR - PQc + QcP - QRa + RaQ - RPb$$

$$= 0$$

②的驗證

$$\left\| \begin{pmatrix} a \\ b \\ c \end{pmatrix} \times \begin{pmatrix} P \\ Q \\ R \end{pmatrix} \right\|^2 = \left\| \begin{pmatrix} bR - Qc \\ cP - Ra \\ aQ - Pb \end{pmatrix} \right\|^2$$

$$= (bR - Qc)^2 + (cP - Ra)^2 + (aQ - Pb)^2$$

$$= (a^2 + b^2 + c^2)(P^2 + Q^2 + R^2) - (aP + bQ + cR)^2$$

$$= (a^2 + b^2 + c^2)(P^2 + Q^2 + R^2) - \left( \begin{pmatrix} a \\ b \\ c \end{pmatrix} \cdot \begin{pmatrix} P \\ Q \\ R \end{pmatrix} \right)^2$$

$$= (a^2 + b^2 + c^2)(P^2 + Q^2 + R^2) - (a^2 + b^2 + c^2)(P^2 + Q^2 + R^2)\cos^2\theta \blacktriangleleft$$

$$= (a^2 + b^2 + c^2)(P^2 + Q^2 + R^2)(1 - \cos^2\theta)$$

$$= (a^2 + b^2 + c^2)(P^2 + Q^2 + R^2) \sin^2\theta$$

$$= \left( \left\| \begin{pmatrix} a \\ b \\ c \end{pmatrix} \right\| \left\| \begin{pmatrix} P \\ Q \\ R \end{pmatrix} \right\| \sin\theta \right)^2$$

$\theta$ 是 $\begin{pmatrix} a \\ b \\ c \end{pmatrix}$ 與 $\begin{pmatrix} P \\ Q \\ R \end{pmatrix}$ 的交角。

# 3. 外積與內積

下表爲外積與內積比較的結果，請把它們閱覽一遍。

| 外積 | 內積 |
|---|---|
| $\begin{pmatrix} 1 \\ 2 \\ 3 \end{pmatrix} \times \begin{pmatrix} 4 \\ 5 \\ 6 \end{pmatrix} = \begin{pmatrix} 2\times6-5\times3 \\ 3\times4-6\times1 \\ 1\times5-4\times2 \end{pmatrix}$ | $\begin{pmatrix} 1 \\ 2 \\ 3 \end{pmatrix} \cdot \begin{pmatrix} 4 \\ 5 \\ 6 \end{pmatrix} = 1\times4+2\times5+3\times6$ |
| $= -\begin{pmatrix} 5\times3-2\times6 \\ 6\times1-3\times4 \\ 4\times2-1\times5 \end{pmatrix} = -\begin{pmatrix} 4 \\ 5 \\ 6 \end{pmatrix} \times \begin{pmatrix} 1 \\ 2 \\ 3 \end{pmatrix}$ | $= 4\times1+5\times2+6\times3 = \begin{pmatrix} 4 \\ 5 \\ 6 \end{pmatrix} \cdot \begin{pmatrix} 1 \\ 2 \\ 3 \end{pmatrix}$ |
| $\begin{pmatrix} 1c \\ 2c \\ 3c \end{pmatrix} \times \begin{pmatrix} 4 \\ 5 \\ 6 \end{pmatrix} = \begin{pmatrix} 2c\times6-5\times3c \\ 3c\times4-6\times1c \\ 1c\times5-4\times2c \end{pmatrix}$ | $\begin{pmatrix} 1c \\ 2c \\ 3c \end{pmatrix} \cdot \begin{pmatrix} 4 \\ 5 \\ 6 \end{pmatrix} = 1c\times4+2c\times5+3c\times6$ |
| $= c\begin{pmatrix} 2\times6-5\times3 \\ 3\times4-6\times1 \\ 1\times5-4\times2 \end{pmatrix}$ | $= c(1\times4+2\times5+3\times6)$ |
| $= c\left(\begin{pmatrix} 1 \\ 2 \\ 3 \end{pmatrix} \times \begin{pmatrix} 4 \\ 5 \\ 6 \end{pmatrix}\right)$ | $= c\left(\begin{pmatrix} 1 \\ 2 \\ 3 \end{pmatrix} \cdot \begin{pmatrix} 4 \\ 5 \\ 6 \end{pmatrix}\right)$ |
| $\begin{pmatrix} 1 \\ 2 \\ 3 \end{pmatrix} \times \left(\begin{pmatrix} 4 \\ 5 \\ 6 \end{pmatrix} + \begin{pmatrix} 7 \\ 8 \\ 9 \end{pmatrix}\right)$ | $\begin{pmatrix} 1 \\ 2 \\ 3 \end{pmatrix} \cdot \left(\begin{pmatrix} 4 \\ 5 \\ 6 \end{pmatrix} + \begin{pmatrix} 7 \\ 8 \\ 9 \end{pmatrix}\right)$ |
| $= \begin{pmatrix} 1 \\ 2 \\ 3 \end{pmatrix} \times \begin{pmatrix} 4+7 \\ 5+8 \\ 6+9 \end{pmatrix}$ | $= \begin{pmatrix} 1 \\ 2 \\ 3 \end{pmatrix} \cdot \begin{pmatrix} 4+7 \\ 5+8 \\ 6+9 \end{pmatrix}$ |
| $= \begin{pmatrix} 2\times(6+9)-(5+8)\times3 \\ 3\times(4+7)-(6+9)\times1 \\ 1\times(5+8)-(4+7)\times2 \end{pmatrix}$ | $= 1\times(4+7)+2\times(5+8)+3\times(6+9)$ |
| $= \begin{pmatrix} 2\times6-5\times3 \\ 3\times4-6\times1 \\ 1\times5-4\times2 \end{pmatrix} + \begin{pmatrix} 2\times9-8\times3 \\ 3\times7-9\times1 \\ 1\times8-7\times2 \end{pmatrix}$ | $= (1\times4+2\times5+3\times6)+(1\times7+2\times8+3\times9)$ |
| $= \begin{pmatrix} 1 \\ 2 \\ 3 \end{pmatrix} \times \begin{pmatrix} 4 \\ 5 \\ 6 \end{pmatrix} + \begin{pmatrix} 1 \\ 2 \\ 3 \end{pmatrix} \times \begin{pmatrix} 7 \\ 8 \\ 9 \end{pmatrix}$ | $= \begin{pmatrix} 1 \\ 2 \\ 3 \end{pmatrix} \cdot \begin{pmatrix} 4 \\ 5 \\ 6 \end{pmatrix} + \begin{pmatrix} 1 \\ 2 \\ 3 \end{pmatrix} \cdot \begin{pmatrix} 7 \\ 8 \\ 9 \end{pmatrix}$ |

# 附錄 4

## 行列式的特性

行列式具有許多特性，在這節附錄中我們介紹七種特性。

特性 1

「任意 $n$ 次方陣的行列式」與「其轉置矩陣的行列式」相等。

$$\det \begin{pmatrix} a_{11} & \cdots & a_{1n} \\ \vdots & \ddots & \vdots \\ a_{n1} & \cdots & a_{nn} \end{pmatrix} = \det {}^{t}\begin{pmatrix} a_{11} & \cdots & a_{1n} \\ \vdots & \ddots & \vdots \\ a_{n1} & \cdots & a_{nn} \end{pmatrix}$$

例

· $\det \begin{pmatrix} 3 & 0 \\ 0 & 2 \end{pmatrix} = 6$

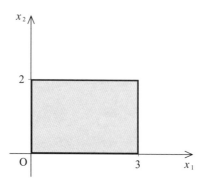

· $\det {}^{t}\begin{pmatrix} 3 & 0 \\ 0 & 2 \end{pmatrix} = \det \begin{pmatrix} 3 & 0 \\ 0 & 2 \end{pmatrix} = 6$

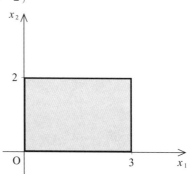

特性 2

> 特性 2「任意 $n$ 次方陣的行列式」與「將此方陣任意二行交換後所得矩陣的行列式乘以 $(-1)$ 倍」相等。

$$\det \begin{pmatrix} a_{11} & \cdots & a_{1i} & \cdots & a_{1j} & \cdots & a_{1n} \\ \vdots & & \vdots & & \vdots & & \vdots \\ a_{n1} & \cdots & a_{ni} & \cdots & a_{nj} & \cdots & a_{nn} \end{pmatrix} = (-1)\det \begin{pmatrix} a_{11} & \cdots & a_{1j} & \cdots & a_{1i} & \cdots & a_{1n} \\ \vdots & & \vdots & & \vdots & & \vdots \\ a_{n1} & \cdots & a_{nj} & \cdots & a_{ni} & \cdots & a_{nn} \end{pmatrix}$$

例

$\cdot\ \det \begin{pmatrix} 3 & 0 \\ 0 & 2 \end{pmatrix} = 6$

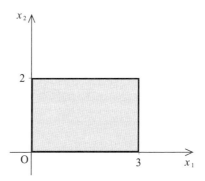

$\cdot\ (-1)\det \begin{pmatrix} 0 & 3 \\ 2 & 0 \end{pmatrix} = (-1) \times (-6) = 6$

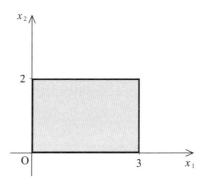

「有任何二行相等的 $n$ 次方陣的行列式」必為 $0$。

$$\det \begin{pmatrix} a_{11} & \cdots & b_1 & \cdots & b_1 & \cdots & a_{1n} \\ \vdots & & \vdots & & \vdots & & \vdots \\ a_{n1} & \cdots & b_n & \cdots & b_n & \cdots & a_{nn} \end{pmatrix} = 0$$

第 $i$ 行　第 $j$ 行

例

· $\det \begin{pmatrix} 3 & 3 \\ 0 & 0 \end{pmatrix} = 0$

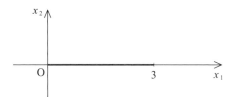

---

**特性 4**

「任意 $n$ 次方陣的行列式」與「將此方陣的某一行乘上 $c$ 倍，所得矩陣的行列式再乘以 $\dfrac{1}{c}$ 倍」相等。

$$\det \begin{pmatrix} a_{11} & \cdots & a_{1i} & \cdots & a_{1n} \\ \vdots & & \vdots & & \vdots \\ a_{n1} & \cdots & a_{ni} & \cdots & a_{nn} \end{pmatrix} = \frac{1}{c} \det \begin{pmatrix} a_{11} & \cdots & a_{1i} \times c & \cdots & a_{1n} \\ \vdots & & \vdots & & \vdots \\ a_{n1} & \cdots & a_{ni} \times c & \cdots & a_{nn} \end{pmatrix}$$

---

**例**

- $\det \begin{pmatrix} 3 & 0 \\ 0 & 2 \end{pmatrix} = 6$

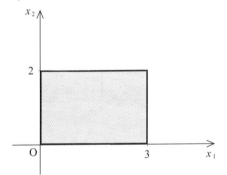

- $\dfrac{1}{2} \det \begin{pmatrix} 3 \times 2 & 0 \\ 0 \times 2 & 2 \end{pmatrix} = \dfrac{1}{2} \det \begin{pmatrix} 6 & 0 \\ 0 & 2 \end{pmatrix} = \dfrac{1}{2} \times 12 = 6$

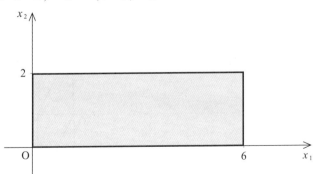

特性 5

「任意 $n$ 次方陣的行列式」與「將此方陣從某一行起分為二個矩陣，其行列式之和」相等。

$$\det \begin{pmatrix} a_{11} & \cdots & a_{1i} & \cdots & a_{1n} \\ \vdots & & \vdots & & \vdots \\ a_{n1} & \cdots & a_{ni} & \cdots & a_{nn} \end{pmatrix} = \det \begin{pmatrix} a_{11} & \cdots & a_{1i}+b_{1i} & \cdots & a_{1n} \\ \vdots & & \vdots & & \vdots \\ a_{n1} & \cdots & a_{ni}+b_{ni} & \cdots & a_{nn} \end{pmatrix} + \det \begin{pmatrix} a_{11} & \cdots & -b_{1i} & \cdots & a_{1n} \\ \vdots & & \vdots & & \vdots \\ a_{n1} & \cdots & -b_{ni} & \cdots & a_{nn} \end{pmatrix}$$

例

· $\det \begin{pmatrix} 3 & 0 \\ 0 & 2 \end{pmatrix} = 6$

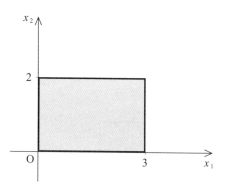

· $\det \begin{pmatrix} 3+(-1) & 0 \\ 0+\phantom{()}2 & 2 \end{pmatrix} + \det \begin{pmatrix} -(-1) & 0 \\ -2 & 2 \end{pmatrix} = \det \begin{pmatrix} 2 & 0 \\ 2 & 2 \end{pmatrix} + \det \begin{pmatrix} 1 & 0 \\ -2 & 2 \end{pmatrix} = 4+2 = 6$

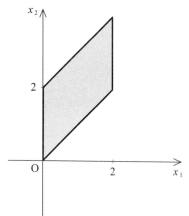

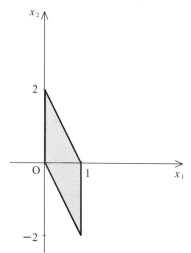

「任意 $n$ 次方陣的行列式」與「將此方陣的某一行乘上 $c$ 倍再加上其他某一行，所得矩陣的行列式」相等。

$$\det \begin{pmatrix} a_{11} & \cdots & a_{1i} & \cdots & a_{1j} & \cdots & a_{1n} \\ \vdots & & \vdots & & \vdots & & \vdots \\ a_{n1} & \cdots & a_{ni} & \cdots & a_{nj} & & a_{nn} \end{pmatrix} = \det \begin{pmatrix} a_{11} & \cdots & a_{1i} & \cdots & a_{1j} + (a_{1i} \times c) & \cdots & a_{1n} \\ \vdots & & \vdots & & \vdots & & \vdots \\ a_{n1} & \cdots & a_{ni} & \cdots & a_{nj} + (a_{ni} \times c) & \cdots & a_{nn} \end{pmatrix}$$

例

· $\det \begin{pmatrix} 3 & 0 \\ 0 & 2 \end{pmatrix} = 6$

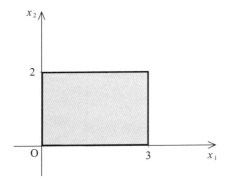

· $\det \begin{pmatrix} 3 & 0 + (3 \times 1) \\ 0 & 2 + (0 \times 1) \end{pmatrix} = \det \begin{pmatrix} 3 & 3 \\ 0 & 2 \end{pmatrix} = 6$

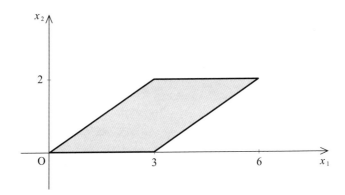

**特性 7**

「任意幾個 $n$ 次方陣的行列式的乘積」與「任意幾個 $n$ 次方陣的乘積的行列式」相等。

$$\det \begin{pmatrix} a_{11} & \cdots & a_{1n} \\ \vdots & \ddots & \vdots \\ a_{n1} & \cdots & a_{nn} \end{pmatrix} \det \begin{pmatrix} b_{11} & \cdots & b_{1n} \\ \vdots & \ddots & \vdots \\ b_{n1} & \cdots & b_{nn} \end{pmatrix} = \det \begin{bmatrix} a_{11} & \cdots & a_{1n} \\ \vdots & \ddots & \vdots \\ a_{n1} & \cdots & a_{nn} \end{bmatrix}\begin{bmatrix} b_{11} & \cdots & b_{1n} \\ \vdots & \ddots & \vdots \\ b_{n1} & \cdots & b_{nn} \end{bmatrix}$$

**例**

· $\det \begin{pmatrix} 3 & 0 \\ 0 & 2 \end{pmatrix} \det \begin{pmatrix} \dfrac{1}{3} & 0 \\ 0 & \dfrac{1}{2} \end{pmatrix} = 6 \times \dfrac{1}{6} = 1$

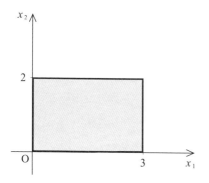
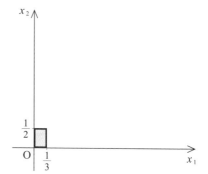

· $\det \begin{bmatrix} \begin{pmatrix} 3 & 0 \\ 0 & 2 \end{pmatrix} \begin{pmatrix} \dfrac{1}{3} & 0 \\ 0 & \dfrac{1}{2} \end{pmatrix} \end{bmatrix} = \det \begin{pmatrix} 1 & 0 \\ 0 & 1 \end{pmatrix} = 1$

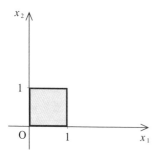

# 參考文獻

- 新井仁之『線形代数 − 基礎と応用』（日本評論社）2006
- 伊藤正之/鈴木紀明『数学基礎　線形代数』（培風館）1998
- 上坂吉則/塚田真『入門線形代数（三訂版）』（近代科学社）1987
- 押川元重/阪口紘治『基礎　線形代数』（培風館）1991
- 小松勇作編『高等学校　数学Ⅰ【再訂版】』（旺文社）1987
- 齋藤正彦『線型代数入門』（東京大学出版会）1966
- 齋藤正彦『線型代数演習』（東京大学出版会）1985
- 高橋大輔『理工基礎　線形代数』（サイエンス社）2000
- 長沼伸一郎『物理数学の直観的方法』（通商産業研究社）1987
- 平岡和幸/堀玄『プログラミングのための線形代数』（オーム社）2004
- G.Birkhoff/S.MacLane（奥川光太郎/辻吉雄訳）『現代代数学概論　改訂新版』（白水社）1961
- 『岩波　情報科学辞典』（岩波書店）1990
- 『岩波　数学辞典　第2版』（岩波書店）1968

<br>

- 小杉肇『数学史（幾何と空間）』（槇書店）1974
- 小堀憲『数学史』（朝倉書店）1956
- 武隈良一『数学史』（培風館）1959
- 仲田紀夫『マンガ　おはなし数学史』（講談社）2000
- 野矢茂樹『論理学』（東京大学出版会）1994
- J.Derbyshire（松浦俊輔訳）『代数に惹かれた数学者たち』（日経BP社）2008

<br>

- 田村秀行編『コンピュータ画像処理』（オーム社）2002
- 安田仁彦『CADとCAE』（コロナ社）1997
- 山口富士夫『CAD工学』（培風館）1998

<br>

- http://www-history.mcs.st-and.ac.uk/HistTopics/Matrices_and_determinants.html
- http://www-history.mcs.st-andrews.ac.uk/HistTopics/Abstract_linear_spaces.html

# 索 引

國家圖書館出版品預行編目資料

世界第一簡單線性代數/高橋信作；謝仲其譯.
－－初版. －－新北市：世茂, 2010.
05
面；公分.（科學視界系列；102）
參考書目：面
含索引
ISBN 978-986-6363-40-5（平裝）

1. 線性代數

313.3                          98024598

科學視界 102

# 世界第一簡單線性代數

作　　著／高橋信
譯　　者／謝仲其
審　　訂／洪萬生
主　　編／簡玉芬
責任編輯／謝翠鈺
封面設計／江依㼆
出 版 者／世茂出版有限公司
地　　址／(231)新北市新店區民生路19號5樓
電　　話／(02)2218-3277
傳　　真／(02)2218-3239（訂書專線）、(02)2218-7539
劃撥帳號／19911841
戶　　名／世茂出版有限公司
　　　　　單次郵購總金額未滿500元（含），請加80元掛號費
世茂網站／www.coolbooks.com.tw
排製版版／辰皓國際出版製作有限公司
印　　刷／傳興彩色印刷公司
初版一刷／2010年5月
　七刷／2022年1月

定　　價／320元

# 讀者回函卡

感謝您購買本書，為了提供您更好的服務，歡迎填妥以下資料並寄回，我們將定期寄給您最新書訊、優惠通知及活動消息。當然您也可以E-mail：service@coolbooks.com.tw，提供我們寶貴的建議。

### 您的資料（請以正楷填寫清楚）

購買書名：＿＿＿＿＿＿＿＿＿＿＿＿＿＿＿＿＿＿＿

姓名：＿＿＿＿＿＿＿＿ 生日：＿＿＿＿ 年 ＿＿＿ 月 ＿＿＿ 日

性別：□男 □女　E-mail：＿＿＿＿＿＿＿＿＿＿＿＿＿

住址：□□□＿＿＿＿縣市＿＿＿＿＿鄉鎮市區＿＿＿＿＿路街
　　　＿＿＿段＿＿＿巷＿＿＿弄＿＿＿號＿＿＿樓

　　　聯絡電話：＿＿＿＿＿＿＿＿＿＿＿＿＿＿＿＿


職業：□傳播 □資訊 □商 □工 □軍公教 □學生 □其他：＿＿＿＿

學歷：□碩士以上 □大學 □專科 □高中 □國中以下

購買地點：□書店 □網路書店 □便利商店 □量販店 □其他：＿＿＿＿

購買此書原因：＿＿ ＿＿ ＿＿ ＿＿ ＿＿（請按優先順序填寫）
1封面設計 2價格 3內容 4親友介紹 5廣告宣傳 6其他：＿＿＿＿


本書評價：＿＿ 封面設計 1非常滿意 2滿意 3普通 4應改進

　　　　　＿＿ 內　　容 1非常滿意 2滿意 3普通 4應改進

　　　　　＿＿ 編　　輯 1非常滿意 2滿意 3普通 4應改進

　　　　　＿＿ 校　　對 1非常滿意 2滿意 3普通 4應改進

　　　　　＿＿ 定　　價 1非常滿意 2滿意 3普通 4應改進


給我們的建議：＿＿＿＿＿＿＿＿＿＿＿＿＿＿＿＿＿＿＿

＿＿＿＿＿＿＿＿＿＿＿＿＿＿＿＿＿＿＿＿＿＿＿＿＿

＿＿＿＿＿＿＿＿＿＿＿＿＿＿＿＿＿＿＿＿＿＿＿＿＿

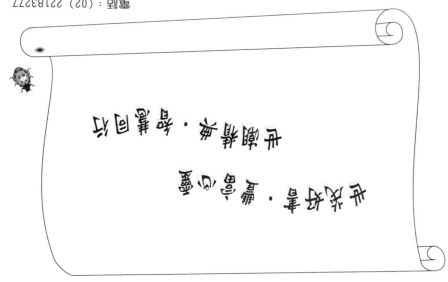

電話：(02) 22183277
傳真：(02) 22187539

本業竭誠‧智富心靈

生活幸福‧精神愉快

廣告回函
北區郵政管理局登記證
北台字第9702號
免貼郵票

231新北市新店區民生路19號5樓

世茂
世潮 出版有限公司 收
智富